JN044677

海藻で魚をおいしくする話

広島大学名誉教授　中川 平介

はじめに

かつては、世界一の漁獲量を誇っていた日本ですが、世界的に水産物の価値が認知され、それまで水産物が安価で容易に入手できた食材であった時代から、将来はさらに高級食材に変わる可能性があります。漁労の機械化以前、漁獲量と消費量のバランスがとれていた時代は「水産資源は無尽の宝」であったかもしれません。世界中で天然水産資源の奪い合いによる資源の取り分の減少に対しては、資源管理と環境保全が今後の出来得る対策でしょう。しかし、たとえこの対策が行われたとしても地球上の資源量には限界があり、無尽ではあり得ません。

日本における漁獲量の減少に対して「養殖すればいいではないか」との大きな勘違いがあります。何事にも必ず正と負の両面があるように、水産養殖業にも多くのマイナス面がありますが、この点が世間で十分に理解されているとは思えません。養殖魚の生産には飼料原料として多くの水産資源の浪費と海での網生簀養殖は海域汚染の上に成り立つという矛盾のあることは、あまり世間では知られていません。水産養殖に関する研究者は常にこの矛盾を熟知しつつ、如何に有効な養殖生産を行うかを頭において努力しています。

「養殖魚は不味い」と言われます。天然環境には多様な生き物がそれぞれの都合で生きていますので、天然魚全てが人間に都合よく美味な訳ではなく、魚市場に並べられる魚は人間に都合が良いように、大量の漁獲物から選抜されたもので、市場価値の低いものの多くは廃棄されたり、加工に回されています。味に対する評価は個人によってまちまちで、皆に認められるような養殖魚の食味向上は簡単な問題ではありません。本書の題目「海藻で魚をおいしくする話」は、飼料や飼育環境を工夫することにより養殖魚を健全な状態に近づければ食味もそれにつれて向上するのではないかと考えて行った研究の紹介です。

本書は養殖魚の質的向上の研究について、専門的なデータを元に理解されやすい内容を目指し、さらに水産に関するエピソード加えました。研究の動機、養殖魚の問題点、品質改善の必要性、実験条件の設定、サプリメントの有効性、飼料に藻類を投与する意味を述べます。養殖に関する問題点と養殖魚への理解が深まれば幸いです。

目　次

第 1 章

研究の始まり

私が広島大学に助手として赴任した昭和40年代は環境汚染が社会問題になっていた頃で、研究室に寄せられた様々な公的機関からの依頼に応じて、本来の研究はさておき、河川水の汚染物資や水棲生物のPCB、水銀、水道水の臭気、トリハロメタンなどについても分析せざるを得ませんでした。研究課題として甲殻類の体表の色素やマダイの体色改善について取り組みました。色素の分析にはコイ養殖場から入手したアメリカザリガニの甲殻を粉砕して薄い硫安溶液で色素を抽出しました。様々な甲殻類の甲殻やその下の薄膜には脂溶性の赤や黄色のカロテノイドが存在しますが、その他に水溶性の黄色、赤色、青色、紫色など、様々な色が見えます。これらの色素の中にはカロテノイドが一定の化学的法則によりタンパク質と結合したカロテノプロテインと呼ばれる成分があり、カロテノイドを含んでいても無色のカロテノプロテインも存在します。この結合には水分子が深く関わっており、凍結乾燥して水を除くと赤色になります。私の研究でクルマエビから抽出した無色のカロテノプロテインを加熱したり、甲殻を凍結乾燥すると赤く変わったことを経験しています。鶏卵の卵黄の黄色はカロテノイドです。ニワトリにカロテノイドを含む餌を多く与えると卵黄は鮮やかになりますが、これはカロテノプロテインとは異なる成分で、カロテノイドとタンパク質の複合体です。私が甲殻類を加熱して甲殻が真っ赤に変わる現象を調べた結果、エビやカニなどの甲殻の様々な色が加熱で赤くなるのは、様々な色を持つ分子量の異なる複数のカロテノプロテインが一様に赤いカロテノプロテインに変ることが分かりました。この現象については「水産動物のカロテノイド」（恒星社厚生閣）の「カロテノプロテイン」の項に記しています。世界中にカロテノプロテインに関する研究報告は沢山ありますが、加熱でカロテノイドとタンパク質との結合が切れたため赤くなったことを証明した論文は一つもありません。有機溶剤で処理すると当然カロテノイドが分離してその赤色が出ます。「甲殻類の色」で検索すると、必ず「加熱による甲殻類の赤化は、タンパク質と結合していたカロテノイドが切れて遊離したカロテノイドの本来の色が出るため」との間違った説が紹介されており、それが信じられています。また、「エビ・カニはなぜ赤い：機能性色素カロテノイド」（成山堂書店、2004年）にも同様のことが書かれていて残念です。私が調べたところでは少なくとも、抽出したカロテノプロテインを加熱して色調が変化してもカロテノイドが遊離することはありませんでした。加熱による甲殻の色の変化の真実のメカニズムはいっこうに世間には広まりません。これには、かつて著名なカロテノイド研究者が著書で「そうではなかろうか」と述べた仮説がそのまま今でも信じられているからです。一方で、甲殻を加熱して赤化したカロテノプロテインを抽出できないなど、未解決の現象もあります。この研究に取り組んだ筆者としては「それでも地球は回っている」との負け惜しみを言うしかありません。正しい認識が日の目を見るのはいつになるのでしょうか。

広島県福山市では春になると鞆の浦で「鞆のタイ網」ショーが開催されます。産卵のため回遊してきたマダイを網で漁獲する様子を再現したものです。当時、ショーに使用されているマダイは養殖ですから、体色は黒ずんでいました。次第に絞り込まれていく網の中のマダイを見て、観光客が「わあ、クロダイだ」と叫び声を上げるほど養殖マダイは色黒でした。ショーに使用するマダイは養殖でなければならない理由がありました。養殖マダイは網に慣れていますので、何度もショーの出番が回って来ます。しかし、天然マダイは網に慣れていないためショックでひっくり返って、出番は1回限りとなります。マダイの飼料にカロテノイド色素を添加すれば体色は改善しますが、昔は高価で使用できず、廉価なエビ類を投与するしかありませんでした。その後、合成カロテノイドの投与や日よけをしたり、網の深度を工夫しメラニンの沈着を防ぐなどの様々な工夫により次第に体色は改善されました。研究課題の一つとして様々なカロテノイドを飼料に添加してマダイの体色改善に関する研究も行っていました。カロテノイドの会社から提供された様々なカロテノイドをマダイの飼料に添加して体表の色を比較しましたが、中には食欲が失せるような紫色のマダイができたこともありました。気味が悪いことに加え、使用したカロテノイドは食用には認可されていなかったため、試食はしませんでした。

大学の統合移転前、学部のあった福山市のカトリック系の栄養専門学校で「食品加工貯蔵」の非常勤講師をしていた関係で、その学院のシスターにフランス語の学習をお願いしました。フランス政府給費留学生試験に挑戦し、様々な偶然が重なって合格できました。留学先は、面識があったマルセイユの研究所で甲殻類やカロテノプロテインの研究者の一人であったHubert Ceccaldi教授に受け入れをお願いしました。そこで1年間、甲殻類の血リンパの分析を行いました。後に、セッカルディ教授は日仏学術交流に対する功績により、日本政府から「旭日中授賞」を受賞されました。私も推薦者の一人でした。

留学先の海洋研究所はマルセイユの地中海沿いのStation Marine d'Endoumeで、小説「巌窟王」の舞台となったイフ城が研究所から見える場所にありました。そこで一年間甲殻類の体液タンパク質の研究を行いました。研究所の建物の前身は水族館で、その当時の展示水槽が残っており、一部は実験水槽として使用されていました。そこには専属の研究者に加え、各省庁や大学の研究者、大学院学生など100人から150人ほどの研究者がいると聞きましたが、誰も正確な数は知りません。研究所の研究用機器は豊富ではありませんでしたが研究業績の多さには驚きました。比色計、冷凍遠心分離器、ミクロトームなどの汎用機器でさえ研究所に一台しかありませんでした。私が所属していた研究室では乾燥機を培養器と兼用したり、少ない共用機器は使用前に予約して使用するため、苦労をしていたと思いましたが、お互いの工夫で不便はなさそうでした。設備の整った新設の研究機関よりこの研究所の業績が高い理由をある日本人研究者から聞いたことがあります。かつてフランス植民地であったアフリカなどで、乏しい研究費で研究を続けていた研究者が、やがて植民地時代が終わりフランスに帰国しても、全ての研究者が研究ポストを得られた訳ではありません。旧植民地で皆無に近い研究費でつつましく生物学分野で業績を蓄積していた研究者のみが母国でポストを得られたと言われています。この留学で、研究には永年の研究の蓄積と情熱が重要であることが理解できたのは貴重な経験でした。

1年間の留学を終えて間もなく、水産増殖学研究室の助教授として笠原正五郎教授に受け入れていただき、新しい研究課題に取り組みました。生き物を中心とした生物の分野に移り、笠原教授から生物学の基本を教わりました。今でも心に残っていることは「生物学では必ずしも「1＋1＝2」ではないよ、場合によっては3でもあり、マイナスもあるよ」という言葉でした。そのようなことは、化学や物理ではあり得ないことですが、多様性に富んだ生物学では何回試みても思った通りの結果が出るとは限りません。全ての生き物はそれぞれの都合で生きており、人間の思い通りには生きていないとの意味でもあります。水産増殖学研究室に所属してから、これまで生化学部門では使ったこともない統計学を駆使することになりました。実際、アユの摂餌生態に取り組みましたが、生化学の研究とは違い、論文一報を完成させるのには、結果にばらつきがあることに加え、調査、研究の季節が限られていることから、論文一報を纏めるのに長期のデータの蓄積が必要でした。それ故、様々な分野の研究者と協力し合い、複数の研究テーマに興味を持たないと満足する業績は得られません。

第 2 章

水産化学から水産増殖学へ

水産学の専門分野：

水産学分野の研究対象は極めて多様性に富み、あらゆる分野の生物や環境の研究にも取り組まなければなりません。漁労、操船、水産機械、動植物プランクトン、無脊椎動物、水や底質などの環境、魚類、甲殻類、軟体動物、藻類、水産加工、水産経営・経済など守備範囲は多様です。かつては製塩・苦汁工業、真珠も守備範囲で、学生時代にはそれらの講義を受けました。学生が水産部門で興味を持つ対象は主として魚類や甲殻類など動く生物ですが、水産の卒業生が研究職に就くとあらゆる研究対象に取り組まねばなりません。医学部門の対象生物はヒトの一種、畜産部門は家畜動物の数種ですが、水産部門で扱う対象生物の種類は果たして何種類あるのでしょうか。水産学の研究分野では容易に「変身」「転身」して何事にも対応できなければならない分野です。私は水産高校時代から35歳まで水産加工や水産化学などの「人間の食べ物」に関する領域に携わっており、水産化学研究室での研究対象は生きた生物ではなく、いわば、死物科学であったかもしれません。研究対象生物や専門分野が変わっても何らの抵抗もありませんでした。

昔の水産部門には明確な物理、生物、化学を基礎とした部門があり、さらに経営・経済もありました。物理系の機関・漁労・無線、化学を基にした水産製造・化学部門、生物を基本とした環境部門や水産増殖部門でした。昔から、就職を考えて多くの学生が製造・化学部門を希望していました。学生時代、「化学は錬金術（Alchemy）を基にした金儲けを企む手段であり、生物学は皇族も取り組まれているように、古来より余裕のある人が知的関心をもって取り組む優雅な学問」と言い合って楽しんでいました。

水産部門の生態学的研究や成分の分析において、陸上の生物とは異なり試料が容易に入手し難いことが問題です。対象とする水棲生物の種類が莫大な数に上ることに加え、入手が容易ではありません。季節や成長により生息域を変える場合もあって、研究課題が限られます。有り余る研究費があれば試料生物の入手もある程度、可能でしょう。研究用の試料は町の魚屋から購入するのではなく、必ず自らが捕獲するか、立ち会うことを前提にしています。

水産増殖学研究室で再出発：

新しい研究課題として養殖魚用の配合飼料の改善に取り組みました。水産学会内で養魚用の配合飼料分野の研究が始まったのは1960年代で、1970年代になって淡水魚の配合飼料が確立され、1980年から次第に海水魚の栄養要求が確立されて行きました。養魚飼料分野は新しく、それに関わる研究者の出身研究部門は生物部門と水産化学部門が半々でした。養魚飼料の研究を始めるに当たり、生物学に機器分析を加え、研究室にはなかった蒸留水製造装置から買い揃えました。

水産養殖事業は飼料として生魚、魚のミンチ、それに様々な形態の配合飼料を与えて成長と生残率を最重要項目として発達してきました。以前は魚の体重さえ増やせば利益になるとして、肥満気味の不健康な養殖魚が出回り不評をかっていました。そこで、研究課題として健全でかつ、消費者側から見て有益な養殖魚の質の向上を目指すことにしました。

水産増殖学研究室に移って間もなく、メキシコの留学生が日本での学名や化合物の読み方がおかしい、と嘆いていました。学名はラテン語を基に命名されていますが、日本での読み方はラテン語読みと米国語読みを混同しています。脂溶性の赤いカロテノイド色素のAstaxanthinは日本ではアスタキサンチンと欧州でも通用する呼び名を使っています。米国留学経験のある研究者が、米国式にアスタザンタインの呼び名を国内の学会発表で使って、一部に意味不明と評されたことがありました。国際的にはラテン語読みでないと通じません。国内第一の生産量を誇る広島のマガキの学名*Crassostrea gigas*のgigasをジャイガスと読む方が可笑しい訳です。

余談ですが、カキは英語圏ではスペルにRのつかない月は産卵後で痩せている上、細菌による汚染があるため食べないと言われています。しかし、フランスでは夏でも少し不味ながら細菌検査をし汚染を防いでレストランに提供されています。ちなみに、フランス語では夏の期間の月にはRがついています。フランスでは収穫後のカキを微細緑藻を繁殖させた池にいれて、内臓が緑色になってから出荷すると評判がいいのですが、日本では逆に「ミドリガキ」として評価は逆です。

2-1　魚類について

世界には生き物に関しては未知の現象がまだ多くあり、アジアやアフリカの内陸部の河川湖沼には種名不明の魚やプランクトン、藻類があったと、国際協力に関わる方から耳にしました。種名を地元大学の生物分類学者に問い合わせても「知らない」で済まされたようです。魚類養殖を考える前に種の同定や生態を明らかにするのが順序でしょう。共同研究で訪問した発展途上国の研究機関では最新機器を用いたハイテク研究を指向し、生物の分類や生態学のような地道な研究は好まれません。研究費不足を理由に、講義のみで研究していない大学教員がいました。少なくとも生物学分野では研究費はなくても好奇心と努力の蓄積で興味深い結果が得られる筈です。これが私が生物部門で研究して得た最大の教訓であり、この教訓を私の研究室で学んだ留学生に伝えてきました。

生物のスケッチ：

生物のスケッチは水産を志した学生には観察の基本となる必須科目です。実験には学生に生物一尾与えて、スケッチさせて詳細な形態を覚え、解剖により臓器の位置を確認させます。食料不足時代を過ごした先輩たちは、与えられた生物をスケッチする前に食べてしまい、残した一尾を数人でスケッチしていました。担当教員は食べ方も教育としてこれを黙認していたようです。ところが飽食時代になり、私が実験を担当していた時、大金を出して、生きたクルマエビを各人に一尾を与えて、暴れるエビを如何にして不動化させるかも、形態スケッチ前の課題としていました。飽食時代の悪弊か、スケッチ後、この高価なクルマエビをゴミ箱に捨てる学生が出るようになりました。そこで、「食べないエビはこのトレイに置くよう」指示し、回収後、研究室で食べました。イカのスケッチを課題にした際、女子学生が「これ何ですか」と不思議そうに質問してきました。スルメがイカの姿と信じていたために出た疑問でした。また、鰹節を持参し「これは何ですか」と聞きに来た食品学専攻の女子学生がいたとか。このような若者がいるとは聞いていましたが、残念ながら実際に遭遇することになりました。

ある時、学生実験のスケッチ用に養殖マダイを発注しました。運び込まれたマダイを見ながら「最近の養殖マダイはいい色になったなあ！」と感心していました。ところが、事務官の手違いで天然マダイでした。さすが、マダイは高級料亭で提供できるような色鮮やかで見事にサイズも揃っていましたので、莫大な支出となりました。学生実験用には二人に一尾とせざるを得ませんでした。

生物の観察が必須のスケッチに対して、水産系外の物理の教官から「写真を撮れば済むのに、幼稚園のようなお絵描きはやめるべき」と、とんでもない意見が教授会で出されました。また、「再現性のないものは科学ではない」と主張する教官に対して逆に、進化をどう説明するか聞いた、との話を耳にしました。魚の摂餌生態に関しての東南アジアの国と共同研究を組みましたが、相手国の研究者が基本的な生物のスケッチや解剖も経験がなかったため、消化管の位置も知らないため、摂餌生態の研究が行えず、多額の研究費と時間が無駄となりました。一方、ハイテク機器を供与された研究所では試料を注入すればデータが得られる自動販売機と勘違いし、分析機器のカラムの充填などの機器の維持管理をしないため、最新の島津製作所製の分析機器が数台ゴミ捨て場に廃棄されていました。

研究資材の購入：

広島大学は総合大学とは言え、昔はタコ足大学と呼ばれていて、各地にキャンパスがありました。統合移転まで水産や畜産部門は福山にあったため、福山キャンパスの事務官の移動は少ないため、学部で購入する物品は熟知していました。しかし、東広島市への統合移転が完了すると事務官が各部局間を移動するようになりました。それまで文系の事務部しか経験のなかった事務官が我が学部にも転属になりました。前述のスケッチ用に天然マダイの購入のような失敗がありました。さらに、漁労用のゴム長靴の購入を事務へ依頼したところ「何で長靴が研究に必要ですか？」と購入拒否。さらに、投網やタモ網に至っては「遊びに使うものは校費では購入できません」との回答。いくら説明しても納得しないため、最後は「文句言わずに買え」で一件落着させました。総合大学の研究の多様性を身をもって経験したことでしょう。そう言えば、研究室で行う魚への給餌や生物相調査と、ペットへの餌やりや魚取りとの違いは「紙一重」です。広島市栽培漁業センターと共同で行った広島湾のクロダイ放流効果に関する研究で、広島湾の小学校前の海岸で定期的に放流魚の再捕獲を行っていました。事務官から遊びに使うと勘違いした長靴、投網やタモ網を駆使し、昼間から遊んでいるように見える作業を、小学生に「小父さんたちはお仕事をしているんだよ」と見せつけるつもりもあって、写真2-1の様な「放流魚調査中」と書かれた幟を用意していました。しかし、誰一人子供たちが寄ってくることはありませんでした。

写真2-1　広島湾におけるクロダイ放流効果の調査

生物のバイオリズム：

共同研究で東南アジアに滞在中、不思議に感じたのが生物のバイオリズム（生体の周期性）です。日本には四季があり、バイオリズムは太陽によって支配されているように見えますが、魚の産卵期など一部には月齢によって支配されていると思われる現象があります。温帯域の我々は全てが太陽に支配されていると思いがちですが、瀬戸内海のマダイの産卵期は太陰暦の同月同日と決まっているようです。これはマダイの種苗生産に関わっていた研究者からの情報です。ただし、閏年は少しずれる様ですが、産卵日はまさに月の満ち欠けに左右されているが如き現象でした。フィリピンのSEAFDEC（東南アジア漁業開発センター）滞在中に経験したことですが、南洋の魚の産卵日は月の満ち欠けによって支配されており、11カ月ごとに産卵期を迎えていました。以前、研究室ではゴカイが月齢に支配され、夜間一斉に水面に浮上して産卵するPaloloと呼ばれる現象を観察しています。在仏中、大西洋岸のゴカイの体液のタンパク質組成が干満によって大きく変化することを観察しました。海から生まれた我々の先祖の生命には月に支配されたリズムが遺伝子として組み込まれているのでしょう。熱帯域におけるこの興味深い現象について北欧の研究者が国際学会で発表していました。内水面の水棲生物は雨期と乾季がバイオリズムに関わり、太陽が年中真上にある赤道直下の海では、月によって支配されているのではないかとの仮説を唱えていました。興味深い研究ですが、熱帯地方の研究者には地味で脚光を浴びないせいか、好みには合わないようです。

2-2　天然魚と養殖魚

一般に養殖魚は不味いと言われ、天然魚を売り物にする料理店もあります。今でも養殖魚は不味いのでしょうか。味の好みはまちまちで、料理人からはウナギ、フグ、ヒラメに関しては一般とは異なる味の評価を聞くことがあります。

天然魚と養殖魚の良し悪しを比較すると、表2-1に示すように、天然魚の漁獲は天候や、魚の行動、季節によって大きく変動します。天然魚でも基準から外れた漁獲物は廃棄され、未利用魚や廃棄魚と呼ばれ、それが相当な量になると言われています。その点、養殖魚は供給が安定しており、商品としての質がほぼ一定で、サイズが揃うという利点があります。それに最も市場価値の高い採算の合うサイズで出荷します。結婚式のような祝いごとに使用するマダイは数とサイズを揃える必要があるため、養殖物が有利です。神社の祭典のお供えには大きいサイズのマダイが必要ですから、天然マダイを前もって

表2-1　天然魚と養殖魚

	天然魚	養殖魚
生産量	変動	安定
サイズ	不定	一定
季節性	依存	一定
魚　価	変動大	変動少
鮮　度	?	一定

注文しておかねばなりません。私が神社の宮総代を引き受けていた頃、スーパーに予約しておいた神前に供えるマダイが祭当日に入手できるか気を遣っていました。養殖では成長の早い時期まで飼育して出荷しますので、大きなサイズまで飼育すると採算が合いません。獲れない時期の天然物の魚価は当然高価ですが、養殖物は一定です。

漁獲量が減れば、必ず乱獲ではないか、との声が出ますが、科学的根拠がない限り断定はできません。以前、環境汚染による河川や海水の富栄養化で生産量が上がった海産物もあります。半面、農薬が海に流れ込みプランクトンの死滅などで生産性が低下したこともありました。公害時代を経て国民の努力により環境がきれいになったため、逆に海が貧栄養となり、ノリや貝類の生産量が低下することもありました。

魚類が摂取したタンパク質の一部はエネルギーとして筋肉グリコーゲンや脂質として体内に蓄積されます。養殖魚で問題になるのは脂質の過剰蓄積です。ヒラメ、フグ、カワハギは肝臓に脂質を蓄積し、マグロやブリなどでは筋肉に脂質を蓄積します。アユでは不完全神経間棘部といわれる背鰭下の筋肉部にゼラチン状の脂質を蓄積し、さらに腹腔内にも多くの脂質を蓄積する結果、養殖アユの評価を落としています。

天然環境から得たアユと養殖アユについて説明します。天然の川で得たアユには天然魚と放流魚が混在していますが、本書では全て天然アユという表現を用いました。河川の岩の表面に付着している、一般にはコケと呼んでいますが、コケではなく、緑藻、珪藻、藍藻などの付着藻類です。天然環境で生きていたアユの口唇は岩の表面の付着藻類を擦り取って餌とするため、「タラコ唇」のような形になっています。藻類研究者の観察によれば付着藻類の緑藻の全てがアユによって消化される訳ではなく、多くは消化されることなく、生きたまま排泄されているのではないか、とのことでした。珪藻の表面は珪酸で細胞壁が構成され、見た感じでは消化し難いように思えますが、アユは細胞壁の微細な穴から栄養素を吸い出して利用しているとのこと。光学顕微鏡で珪藻類の排泄物を見ると内容物だけが抜けたように見えます。天然環境でアユが食している付着藻類はタンパク質量が少ないので縄張りを作って付着藻類を食べています。宮地伝三郎著「アユの話」（岩波新書）の中で、生態学的見地からアユ一尾の縄張りは河底面積の1㎡とされています。我々の研究室で行った摂餌生態研究で付着藻類のタンパク質量から計算したところ、全く同様の結果が得られました。アユは、付着藻類からタンパク質を補給するため、日中絶え間なく食べ続けます。陸上の草食動物が始終大量の牧草を食べてタンパク質を摂取しないと成長できないのと同じ現象でしょう。広島県太田川で投網で捕獲したアユの90％以上が満腹状態でした。縄張りに入れないアユは縄張りの外で、空腹状態で藻類の豊富な縄張りに入る機会を窺っているのです。環境の悪い場所の待機アユは、条件の良い縄張りで生育していたアユが釣りあげられるとその縄張りに入ることができます。現在、河川に莫大な数のアユが放流され、その全てのア

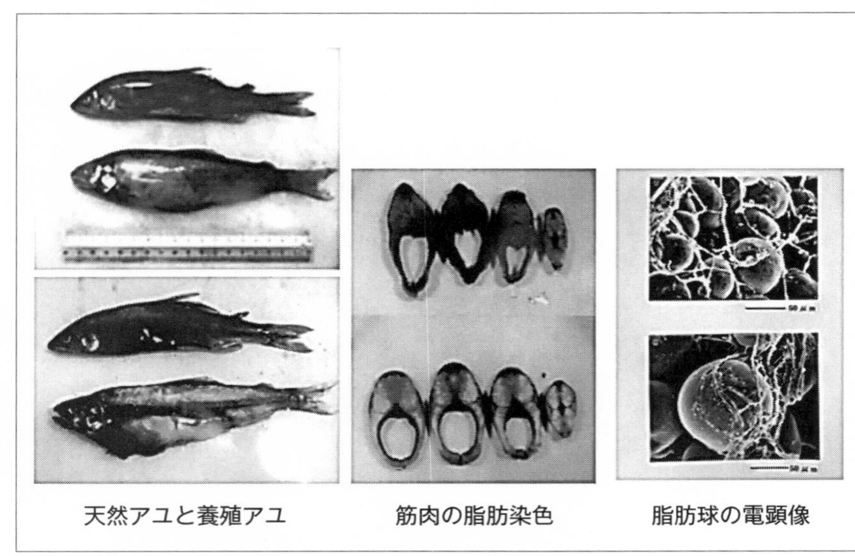

写真2-2　天然アユと養殖アユ（上：天然、下：養殖）

表2-2　全国の天然河川のアユと養殖アユの蓄積脂質（中川他、1991）

	筋肉脂質		腹腔内脂肪比*	
	平均（%）	範囲（%）	平均（%）	範囲（%）
天然産	3.4	0.8—8.1	1.8	0.7—3.3
養殖産	6.2	2.7—15.4	7.5	3.6—12.6

*腹腔内脂肪重量／体重X100

ユに対して餌の付着藻類が十分行きわたるか疑問に思う程の尾数です。しかし、次々と釣りあげられるため全てのアユの成長と生残が可能になっていると考えられます。全てのアユが川を遡上する訳ではなく、河口堰の外の海で過ごす小型のアユや、河川に遡上することなく、海を漂っているアユのいることを確認しました。

写真2-2に天然と養殖アユの外見、解剖して腹腔内脂肪の状況、脂肪細胞の電顕写真を示します。ただし、写真は差を示すためかなり昔のものを使いました。今ではこれほどではなく、貴重な写真となっています。写真の上が天然で、下が養殖アユです。養殖アユはでっぷりと太り、解剖図から腹腔内に脂肪組織が貯まっているのが判ります。筋肉を脂質染色すると背側の不完全神経間棘部が赤く染まっています。腹腔内脂肪組織の電子顕微鏡写真では脂肪球の直径が明らかに大きく、脂質のエネルギーへの動員も緩慢であろうと思います。今ではこのような養殖アユはないことを期待しています。

表2-2は1989年から1990年に全国19か所から集めたアユと養殖アユの筋肉脂質と腹腔内の脂肪の比率を調べた結果です。天然アユの筋肉脂質は3.4%で養殖アユの平均は6.2%でした。しかし、脂質が3.5%レベルの天然アユ並みの養殖アユを生産している養殖場もありました。これらの

脂肪と脂質：脂肪と脂質は栄養学的には同義で、本稿では両方を使います。

分析結果は試料収集に協力いただいた県水試とアユ養殖場に報告しておきました。天然環境のアユの筋肉脂質含量を基準として、その後の実験の参考にしました。

一般に魚の脂質は腹側に多く、背側には少ないのですが、アユの場合は前述の通り、背側の不完全神経間棘部と言われる筋肉に脂質を蓄積するため、背側の脂質が多くなることがあります。不健全な代謝をするアユでは、蓄積脂質を除く目的で絶食させても、筋肉タンパク質が消費されるだけで、蓄積脂質は消費されません。かえって、絶食によって相対的に脂質が増えることになります。

以前のアユ養殖では、体重を増やすため、配合飼料にフィードオイル（スケソウタラ肝油から得た飼料用脂質）が大量に添加されていました。そのため筋肉や腹腔内に脂質が大量に蓄積する結果となりました。腹腔内の白い塊の脂肪組織は不可食部で捨てざるを得ません。また、骨も軟弱で天然アユのように、焼いた時、骨だけスーと抜くことはできませんでした。この様な養殖アユがあったため「養殖アユはどうも」と評判を落としました。

天然アユの出荷業者が漁獲したアユの体色が変わらないよう細心の注意を払って出荷したところ、普段から天然アユを食べつけているという消費者から「普段食べている天然アユとは色が違う」とクレームが入りました。恐らくその方は、釣り人の魚籠の中で変色したアユを天然アユの色との思いこみがあったためでしょう。

2-3　魚の飼育

飼料サプリメントの有効性を比較するには、実験の飼育条件は魚種間で異なるため、それぞれに適した飼育方法、期間、給餌頻度、飼育環境などの至適実験条件を確かめました。

飼育方法：

養殖事業としての魚の飼育はペットや水族館などの展示水槽での飼育方法とは根本的に異なります。成長させたり、産卵させる必要のない、展示用や鑑賞用の魚には最低限、生命が維持できる程度の給餌量で十分です。ニシキゴイの生産者からの話ですが、一尾が数百万円の高価なニシキゴイを買ったハワイの富裕者が、自宅の池で餌をふんだんに与えたため、大きく成長しました。ところが、無計画な給餌により、体表の鮮やかな色が褪せてせっかくのコイが二束三文の駄ゴイになったそうです。水温の高いハワイで飼育すると餌を食べて成長します。模様のついた風船に空気を吹き込むと色が薄くなることと似た現象です。インドネシアのコイ養殖では水温が高いため飼料をふんだんに与えて成長させ、3カ月の飼育で出荷できると聞きました。

河川管理事務所から「玄関の循環水槽に展示している魚が直ぐに死んでしまうが、どうしてでしょう」との相談を受けました。そこで「餌をやったでしょう」と言うと、驚いて「餌をやらないと死ぬと思い、ふんだんに餌をやりました」との返事でした。循環水槽のバクテリアによる浄化機能が発揮される前に大量の餌を与えると、残餌が腐敗して発生したアンモニアで死にます。それに、捕らえられた魚は環境の変化により当分はパニック状態にあり、餌は摂れません。暫くは餌なしでも生き延びますので、餌はやらなくても死にません、と説明しておきました。また、料理店から「新設の循環水槽に魚を入れても直ぐに弱るがどうしてでしょう」との相談を受けました。これも循環水槽システムの機能が発揮されない内に多くの魚を入れたからと思います。循環装置の機能が発揮されるまで魚の内臓などの汚物を水槽に入れて、腐敗させ、アンモニアを分解するバクテリアが繁殖するまで空回しをして待たねばなりません。家の近所で子供たちが側溝でフナを獲っていましたので、「取ったフナに餌をやっちゃだめだよ」と言っておきました。フナはパニック状態で当分は餌を欲しがりませんので、そこに餌を投じると、餌が腐敗して発するアンモニアや酸欠でフナが死んでしまうからです。魚では様々なストレッサーによって食欲が低下したり摂餌ができない状態でも死ぬことはありません。しかし、餌なしでも魚が生き延びられるなど誰も信じないでしょう。飼育実験中は魚にパニックを与えるような事故がないよう注意します。「釣った魚に餌はやらない」より「釣った魚は餌を摂れない」が正しいでしょう。種苗生産した体長45mmのマダイ幼魚では20日間の絶食でも生残率90%、54mmでは99%を示しました。

飼育期間：

温帯では魚類の産卵期や水温の高い生育期を逃すと、その年の秋から冬の期間は飼料試験も生態観察も、更に試料の魚もないため分析もできない、魚類の研究者にとっては失業期間です。留学生は奨学金の支給期間内に研究を終了させる必要があります。春に来日した留学生は日本語研修なしで直ちに魚の飼育試験に入らざるを得ません。中には不満を漏らす留学生がいましたが、殆どの留学生は自ら熱心に日本語を学習して、2年目からは学会発表を日本語でこなせるよう指導しました。中には博士号と日本語検定1級を取得して帰国した留学生も何人かいました。

魚のサイズ：

飼料試験には魚のサイズを揃えて実験開始です。甲殻類の飼料試験の経験ですが、飼料が不適切な場合、いつの間にか一部のエビだけ大きく成長する現象がありました。この成長は飼料の効果ではなく仲間を食べた、所謂共喰いの結果です。また、魚でも種苗生産期には共喰いが生じます。大きい稚魚が小さい稚魚を飲み込めば大きい方が生き延びますが、稚魚の間でサイズに大きな差がない場合は大きい稚魚が小さい方を飲み込めず、両方が死んでしまうことがあります。この現象を如何に表現するか研究室で考えた結果、「共倒れ食い」なる語を思いつきました。果たして、この呼び名が種苗生産の世界で一般化したか否かは不明です。一方、ウナギ養殖では、どうしても他の魚種のようにサイズが揃わないため、大きくなったサイズのウナギを選別して順に出荷します。

ウナギに纏わる学生時代の思い出です。友人が構内の実験池に迷い込んだ1尾の大きなウナギを学生寮に持ち帰りました。早速、調理場で二人で蒲焼に取り掛かりましたが、ウナギを割く方法で意見が分かれました。愛知県蒲郡市出身の友人は背開きを主張し、私は経験から腹開きを主張しました。結局どちらの開き方を採用したか覚えはありません。後で知ったことですが、ウナギの腹開きと背開きの太平洋岸の境界はどうやら愛知県のある地域らしく、友人が主張した背開きは出身地の風習に則ったものでした。今でもウナギを見ると、有能な県庁職員ながら、50歳代で病没した友人を思い出します。

魚への給餌頻度：

養殖魚は出荷前に餌止めをしますが、それで大幅に体重が減っては困ります。幸い、飼料や飼育条件で絶食による体重の減少を抑制することができました。ダイエットのため食事回数を減らしている人がいますが、一回の食事でドカ食いするより同じ量の食事を少しずつ数回に分けて食べた方が肥満防止に効果があるとの結果が出ています。アユの至適給餌頻度を調べた研究では１日１回の給餌では食べる量が少ないにも関わらず、体内に蓄積した脂肪細胞球の直径は、給餌頻度が多い魚より大きくなりました。脂肪細胞のサイズが大きいとエネルギーへの消費が妨げられます（写真2-3）。ヒトのドカ食いと同じ現象でした。実験水槽でのアユの至適日間給餌頻度は4回となりましたので、それ以降のアユの給餌頻度は１日４回として実験を進めました。天然環境のアユでは常に付着藻類を摂餌していますのでさらに頻繁な給餌頻度が適当かもしれません。また、給餌量は飽食量の約80％が成長や脂質の蓄積抑制に最も良い結果が得られました。ヒトでよく言われる「腹八分」と同じ現象でした。養殖現場の大きな飼育槽では自動給餌機を使用しますので、実際はどのように給餌するかは事業所の判断によるでしょう。

マダイの至適給餌頻度を求めるため、10cm未満の魚を陸上水槽で飼育して得た結果から１日２回が最も良い成長と飼料効率#が得られました。

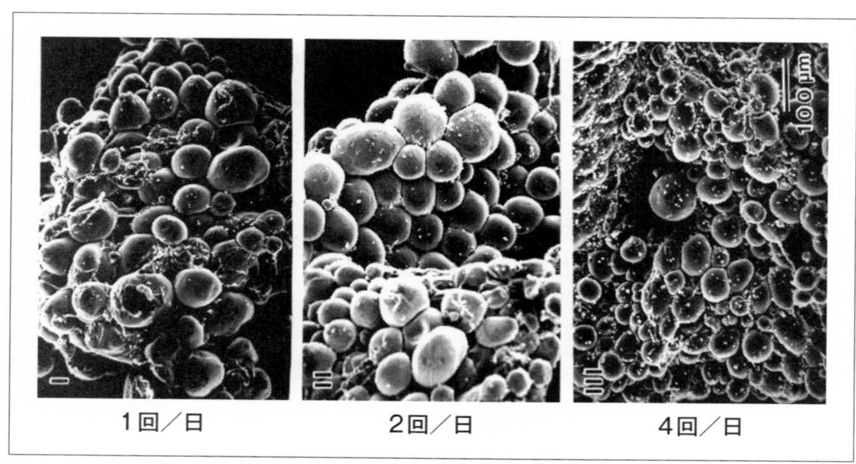

写真2-3　アユへの給餌頻度と脂肪細胞の大きさ（電顕写真）

#飼料効率は飼料転換効率とも言い、（増重量／給餌量）で表す。

このマダイの研究結果に対して瀬戸内海の漁業組合長に意見を求めたところ、「あんたの言うのは正しい。マダイは朝と夕方の2回がよう釣れる」とのこと。日の出、日の入り近くの「朝まづめと夕まづめ」でした。小さな水槽を用いた実験結果に基づき、給餌試験では魚種ごとに飽食量を測定し、マダイでは1日2回、クロダイでもマダイに準じて2回としました。

魚の飼育：

大学内で飼料試験に用いる施設としては構内水槽や水産実験所の限られた小型水槽しかありません。そこで、網生簀を有する近畿大学水産研究所浦神実験場や大型水槽を有する新宮実験場、県や市の水産関係の試験研究機関、民間の養殖場などと共同研究を組んで実験を進めました。さらに魚類は多様性に富むため、統計処理をして結果を確認する必要がありますので、1区当たり数十尾で複数の区を設置します。そのため、給餌試験用には多くの水槽が必要になります。陸上の飼育施設でラットやマウスを用いる栄養学の研究とは大きく異なる面倒な作業です。栄養学の研究室で卒論実験を希望した女子学生がラットやマウスへの給餌は難なくこなしましたが、その後のネズミの解剖になって「こんな筈じゃァなかったのに」状態になったとか。

養魚飼料の研究では、給餌には実験水槽一個ずつ目視で残餌が出ないよう、さらに飼料が全ての魚に行き当たるよう細心の注意を払いながら同一人物が約3カ月間、水槽の掃除の日を除き、毎日決まった回数、休みなく続けます。残餌が出ないように注意を払って給餌しても必ず残餌が水中に拡散しますので、給餌量と魚の摂餌量は一致しないので研究では常に「給餌量」で表します。残餌は飼育水を汚す原因にもなります。別の実験で、アユに与える飼料の飽食量の80％で飼育成績が最高になることを確認してから、全ての魚種の飼料試験で飽食させることはありませんでした。

野生の肉食獣の獲物には十分なタンパク質が含まれていますから、じっくり消化するため、満腹になれば暫くは餌を獲りません。しかし、草食動物は餌とする植物のタンパク質含量が低いため、昼間は草を食べ続けなければなりません。藻類食魚でも同様、アユは日中付着藻類を食べ続けています。一方、肉食の大型のハタ類では満腹後、消化する数日間、餌は摂らないとの報告がありました。また、池の清掃などで魚を追い回した後は給餌しても摂餌しません。

飼料試験に先立ち、実験担当の学生には定期的な水槽の掃除、給餌方法を説明します。給餌期間は魚の体重が倍以上に成長すれば、飼料の効果が出る、との判断に基づいています。食いつきの悪い群の魚は飼料が合わないことも考えられます。魚の飼育が好きでペット感覚で養魚飼料の研究を目指した学生はこの煩雑な給餌方法に驚き、「こんな筈じゃアなかったのに」と後悔したかもしれませんが、腹を据えて、実験を成し遂げました。

飼料試験では体重、生残率、飼料効率が最重要の評価項目で、魚の健全性については評価方法もなく、考慮されていませんでした。そこで、健全な魚とはどのようなものか、どのようにして測定するか工夫しました。試行錯誤の結果、評価項目として低酸素耐性、乾出耐性などの活力、抗病性、肝臓機能、膵臓機能、血中酸化脂質、血球の低浸透圧耐性、さらに代謝に関する絶食試験、脂質代謝やタンパク質代謝などで明瞭な差が認められた項目について比較しました。実験の結果、飼育成績が低下しなければ、代謝や健全性が向上すれば有効と判断しました。

体重調節：

養殖魚の出荷前の餌止めの期間や越冬期間に大幅に体重が減っては困ります。代謝が不健全であるとエネルギーとして筋肉タンパク質を消費し、脂質はそのまま残るため、体重が大幅に減少します。この不健全な代謝の改善も養殖事業の重要な課題です。幾つかのサプリメントの添加や飼育方法によって絶食期間の体重減少を抑制することができました。このような手間をかけた実験で良好な結果が得られても、実用化までには採算性を考慮して大型水槽や自動給餌機を用いたさらなる商業ベースでの試験が必要になります。現在、実用化されている養殖方法はこのような注意深い煩雑な過程を経て実現したものです。

体重別のスポーツの世界では筋力を落とさずに体重だけ減らす必要があります。選手の体重調整は普段から活発な代謝をしているが故に可能で、普段から「寝ては食い」を繰り返す凡人にとっては容易なことではないでしょう。体重制限のない相撲界で、元大関小錦関が現役時代の310kgから引退後努力して１年半で150kg台まで減量を成し遂げました。一般に関取の体脂肪率は思ったほど高くないようですが、小錦の体脂肪率は50％と言われていました。体内に蓄積した脂肪の重量は軽いのですがエネルギー効率が高いため、脂肪を減らしても筋肉のタンパク質を減らすより体重減少率は少ない筈です。小錦関はこのような状況で減量を成し遂げたことは驚異です。恐らく相撲で培った信念と努力があったからこそ、できたのでしょう。

給餌のトラブル：

給餌試験は１日も欠かさず定時に給餌するのが原則です。ところが留学生の中には実験を始める前に水槽の清掃や給餌方法を説明中、話を遮って「こんなことをしに日本に来たのではない。こんなことは労働者にやらせてくれ」と激怒しました。研究上、必須の作業であることを説明しても納得せず、手抜き給餌が改まらないため、研究の継続を断わったことがあります。階級社会や職階制に慣れた留学生にはこの作業は最大の恥辱、屈辱と感じたのでしょう。また、熱帯魚好きで、ペット感覚で、試験中の魚を弄り回し、「遊んでやっているので魚は喜んでいる」との主張を止めず、また、試験飼料調製作業に耐えられず、「こんな馬鹿なことできるか」との捨て台詞を残して、翌日から研究室に顔を見せなくなった外国人研究生もいました。自分の研究室の清掃まで拒む留学生には、私が自分の研究室を掃除する姿を見せつけるようにしました。かの国では教授が掃除するなど思いもよらなかったでしょう。

給餌試験中、魚の生育が極端に悪いことがありました。担当の留学生は配合飼料の質が悪いと開き直りましたが、実際は、決められた回数の給餌をしていませんでした。さらに、私を諭すが如く「知らないんですか。金曜日はお祈りの日ですよ」と主張していました。魚の飼育、分析、セミナーよりお祈りを優先するなど、科学と宗教の分離ができなかったため、研究が失敗に終わったことがあります。

飼育環境：

近畿大学水産研究所新宮実験場との共同研究で、アユの円形水槽に流れを与えて飼育したところ、50㎝／秒の流速が最も良好な成長と脂質代謝を示しました。天然環境ではそれ以上の流速で生息していると考えられますが、それ以上の流速での実験はできません。早い流速の中では全てのアユが同じ方向を向いて互いに等間隔を保って泳いでいました。河川で縄張りを保つアユには過密飼育による社会的ストレスの緩和に適しているとも考えられます。早い流速の中で泳ぐのは多くのエネルギーが必要と思いがちですが、アユには関係ないようで、飼育成績が低下することもありませんでした。

養殖魚の病気：

飼育実験中に病気が発生すると実験は失敗ですが、実験に用いた試験では飼育密度が薄いせいか、病気の発生はありませんでした。養殖現場では、複数の魚種を扱い、危険を分散しています。かなり以前の話ですが、マスコミが「養殖業者は病気予防のため、大量の薬を使い薬漬けにしているから、養殖魚は危険」と、報じたことがあり、また、それを告発する悪意に満ちた本も出版されました。その報道の中で、記者が養殖業者へ「自分の養殖した魚を食べますか」と質問し、「いいえ、食べません」との応答に、記者は「薬漬けにしているため危険だから自分では食べない」と勝手なコメントをしていました。普通、生産者は出来の良い製品を自分で消費することはありません。出来の悪い、商品にならないものだけしか自分では消費しません。上記の報道には、水産庁が根拠を基に抗議して決着しました。

養殖では抗病性や病気は深刻な問題で、このことについて養殖業者に話を聞いたことがあります。「使用基準に則っても薬は安くはないから頻繁には使えない」「保険をかけて、それで補っている」とのこと。また、保険会社の社員に面白い話を聞きました。保険をかける際には生簀の魚の尾数を申告しますが、昔は尾数をいちいち数えていたそうです。自己申告の尾数と実際の尾数に差異がないことが判ったため、養殖業者の自己申告に切り替えました。網から出しての尾数の計測は魚にとって大きな負担となり、その後暫くは摂餌できなくなりますが、目視の尾数の計算により魚にも人にも負担をかけることもなくなりました。野鳥の会のメンバーは一見して鳥の数を当てますが、養殖業者の自己申告の数は数万尾、数千尾単位で、これがよく当たり、保険会社の担当者が野鳥の会の目算とはケタが違うと、驚いていました。養殖業者としては尾数が増えれば掛け金が上がり、少なく見積もれば病気の時の保険金の支払額が低くなるため慎重です。

パニックと食欲：

藻類の投与実験では水槽の壁や網に付着した藻類は定期的に除く必要があります。飼育水槽の定期的な清掃などで魚を追い回したり、池替えなど環境変化などのショックを与えるとストレスホルモンが分泌されパニック状態になります。ショック状態では食欲がないだけではなく抗病性が低下して病原菌に感染しやすくなります。そのような場合は仕方なしに給餌を止めざるを得ません。

阪神大震災の後、広島大学練習船豊潮丸が神戸に復興支援に行きました。震災後の土曜日夜の体育会総会で当時の原田康夫学長から、練習船の担当でもない私に対して「体育会の学生が復興支援に参加を希望しているが練習船が出せないか」と問われました。「学長の決断があれば可能です」と答えて、船長に確認し、直ちに諸手続きを済ませ、学部の実習工場で製造した水産物、畜産物、それに近隣の食品会社から提供してもらった食品を積み込みました。野外活動専門の教育学部体育科教授をリーダーとした一行が2日後の月曜日には呉市の練習船基地から神戸に向って出航しました。当時の神戸商船大学沖に停泊した練習船からの復興支援活動は、陸上からの支援活動とは異なり、スタッフの居住、排泄、風呂、食料など一切問題なく、予想以上の成果を挙げることができました。

写真2-4　阪神淡路大震災への広島大学練習船の災害支援（練習船豊潮丸の航海記録より）

震災当初、被災者はパニック状態で食べることより、身の安全を考えるのが精一杯でした。落ち着くと空腹を感じ、練習船が神戸に到着したのが震災の1週間後であったため、食糧の配布はありがたがられました。船に積み込んだ食品はレトルト食品が中心でしたが、中には役に立たなかった食品もあったようで、今後の教訓として生かすべきでしょう。過去に大学の練習船が災害復興支援に出かけた例はなく、年間航海計画にない運行ではありましたが、文科省の心証は悪くなかったようです。この経験で海からの復興支援の有用性が証明されました（写真2-4）。震災後、京都で開催された、微量栄養素学会の理事会で、この支援活動を披露しました。不謹慎と思って酒は積み込みませんでしたが、神戸在住の被災者の栄養学者から、「欲しかったのは酒です。食欲が満たされたとはいえ、落ち込んだ気分の中、少しのアルコールは気分を奮い立たせたでしょう」との貴重な意見をいただきました。

第３章

養殖事業と飼料改善の必要性

水産養殖には、海藻や貝類のように給餌が不要で自然界の栄養素や植物プランクトンで育つ無給餌養殖と、飼育水槽や網で囲って飼料を与えて成長させる給餌養殖があります。個人の利益のために行う「養殖」と、公共事業として天然資源を増やす「増殖事業」があります。後者には放流事業や環境の整備などの事業も含まれます。漁協などが資金を投じて行った放流事業で増産した生物に対し、世間では、海は皆の物である筈、「無主物」、所謂「持ち主がないのに勝手に獲って何故悪い」との考えがまだ残っています。また、漁業権についても正しく理解されていません。

それぞれの問題点の解決のための手段やそれに関するエピソードを加えて述べます。

3-1　魚類養殖と放流事業の問題点

魚が不漁であれば、必ず「これからは養殖だ」「養殖すべき」との声が出ます。水産養殖では農作物や畜産物とは全く異なる点があります。その一つに、魚類養殖では家畜の要求量の数倍のタンパク質を必要とするため飼料が家畜より高価になります。人間が利用できない草を餌にして食料を作るのが放牧の原点ですが、魚類の養殖はそれとは明らかに違います。低廉で多獲される魚10キロ以上を餌として与えなければ1キロの高級魚を作ることができません。現在使用されている魚粉は南米ペルーやチリ沖で多獲されたイワシ、アジ類などの低廉多獲魚から製造した魚粉です。植物タンパク質もある程度は利用可能ですが、アミノ酸組成などの点で魚粉には及びません。飢えにあえぐ国が多い中で、贅沢な国民が高級魚を造るために多くの魚を消費するという、矛盾があります。家畜のタンパク質要求量は20%以下ですが、コイでは35～40%、サケマス類、ウナギ40～45%、ヒラメ、マダイ、ブリでは45～50%です。さらに、クロマグロのタンパク質要求量は最高の50～60%にもなります。穀類のタンパク質を代替して価格を下げる努力をしていますがタンパク質の大量消費に関しては同じことです。魚類養殖業には、資源の無駄遣いや浪費があるという矛盾は一般には知られていません。世界中が飢餓状態に陥った場合は、養殖用の飼料に使用されている大量の魚を有効利用すればある程度飢えが凌げるでしょう。さらに、網生簀を使用した魚類養殖の欠点として残餌や魚の排泄物に因る水の汚染があります。生簀養殖は波の静かな半閉鎖性水域で行うことが多く、水の交換が少ないため、過密な養殖では水の汚染、酸欠、赤潮を引き起こす原因にもなります。陸上で循環水槽を利用した養殖も可能ですが、設備費、電気代が嵩みます。

最近、昆虫や微生物のタンパク質の利用が見直され、魚類だけではなく、ヒトの食材としても注目され、開発されつつあります。昆虫を育てるための飼料には廃棄食品が再利用されるようです。昔は田畑への農薬散布がなかったためイナゴが蔓延っていました。戦後の食糧不足時代を田園地帯で過ごした人はイナゴを極く普通に食べた経験があろうかと思います。動物性食品の少なかった時代にはイナゴは貴重な食料で、子供の頃、イナゴを捕まえるため母に針と糸をもらって、イナゴ取りに出かけていました。農家でなかった我が家では、戦後の食糧難の時代はふんだんに得られたイナゴや土手に生えていた土筆を食べましたが、近所の農家ではこれらを食べることはありませんでした。沿岸の農村地帯での動物タンパク質源は海産魚と家畜の小動物が主でした。田舎では牛乳を飲む習慣もなく、母が農家に農耕牛の乳を分けてもらいにいくと、それを見た老婆から「そんなもの飲んどったら角が生えるで」と忠告されました。

飼料のタンパク質量は窒素の測定値から計算して粗タンパク質とします。半世紀以前の話ですが、尿素樹脂のボタンや皮製品には窒素が含まれていますので、それらの製造過程で出たクズを粉砕して配合飼料に混ぜ込んだ事件がありました。窒素の分析値は高くても、魚は消化できず、皮製品製造時に使用した薬品の毒性も無視できません。当然、摘発されましたが、情報不足のせいか、離れた地方の業者が、同じ手口でぼろ儲けをたくらみ、やはり摘発されました。それほど、タンパク質は貴重で高価な成分です。

魚類のタンパク質要求量は陸上動物より格段に高いことに加え、エネルギー源としてデンプンなどの炭水化物を消化・吸収できないことが魚の代謝の特徴で、これが養殖の難点でもあります（図3-1）。このデンプンの利用能の値は成長や生残率を指標にして求めたもので、健全性などの指標で評価するとさらに低くなる可能性があります。

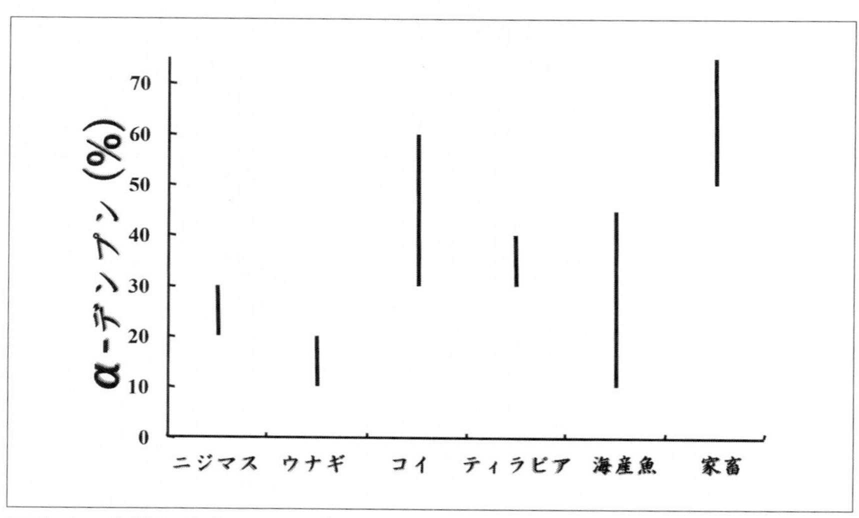

図3-1　魚類と家畜のデンプン利用能（指標は成長と生残率）

ペットとしての魚の飼育は可能でも、全ての魚種が養殖対象種となる訳ではありません。経済性を考えた場合、市場価格が安い魚や成長の遅い魚は採算が合わないため養殖されません。例えば、異体類（ヒラメやカレイ類）でもヒラメは成長が早いため養殖できますが、カレイは成長が遅いため、養殖はしません。成長の遅い高級魚は幼魚の放流によって自然の環境の生産力を生かした方法があります。しかし、放流事業の負の面として自然の生態系の撹乱や遺伝的多様性を損なうことを頭に入れておかねばなりせん。生物の生息する場所の生態系を十分に把握しておかないと、場合によっては放流によって資源量が減少することも考えられます。

3-2　放流と生態に纏わる話

広島湾のクロダイ：

昔は広島湾に多くいたクロダイが1970年頃から様々な要因で減少したため、広島市水産振興センターとの水産増殖学研究室との共同研究により放流効果の向上に取り組みました。その効果とは断定できませんが、クロダイ資源が回復して釣り人には歓迎されました。しかし、漁協からは養殖ノリやカキ、アサリを食むなどの害を及ぼすとして嫌われ、放流を中止したことがあります。一方、漁獲量が増えても消費が増えないため、何らかの対策を考えざるを得なくなりました。食材としての利用については、多獲される時期のクロダイは産卵後で身に締まりがなく、不味とされています。日本料理では素材の持ち味を生かす調理方法を用いるため、クロダイはマダイと同じ調理法では味では敵いません。中華料理や韓国料理では素材の持ち味を生かすより、調理の過程で味を付けるのが特徴です。調理の過程で調味料の味を身に沁み込ませるには身に締まりのないクロダイが最適でした。韓国のクロダイは日本程は多獲されず、高級品扱いで日本から輸出した時期もありました。そこで、広島で韓国料理を普及させてクロダイの需要を増やすことを考えました。この普及活動で研究費が得られたこともあって、調査チームを組みました。福山暁の星学院栄養福祉専門学校の教師３人、研究室から海野助教授（現教授）と私の２名、それに釜山在住の元留学生で当時韓国国立水産研究院の研究員丁達相博士の世話で、釜山パラダイスホテルの料理人の協力を得て、クロダイの韓国料理の試食とレシピの聞き取り調査を行いました。さらに広島市内の韓国料理店「プサン」の協力も得ました。食材は広島湾産で、最も身の締まりの悪い時期に漁獲したクロダイを韓国の釜山まで持参しました。最近は韓国料理の普及により辛さに対する好みが変わってきております。昭和初期に生まれた年配者にはキムチを洗って食べる人などいて、相変わらず辛い料理は苦手の様でした。調査後、レシピは写真3-1に示した小冊子「特選クロダイ料理レシピ集」に纏めて各地に配布しました。内容は韓国風、洋風、中華、和風からなり、「韓国風」が我々の研究チームが担当したレシピです。

写真3-1　クロダイ料理レシピ集

資源量の回復や養殖技術を向上させる、所謂、生き物の増産は努力と工夫である程度解決できましたが、最も難しい問題は消費推進など、ヒトを相手とする分野の仕事、即ち水産経済部門で、これについては未解決のままです。

コダイスズメ寿司：

近畿大学水産研究所に出向くため大阪から串本行きのJRの列車内でのこと。空いた列車の隣の席に4人組の若い女性が楽しそうに語らっているのが聞こえました。彼女らの話題は駅で購入した土産物についてでした。一人が「コダイスズメズシなんて古代の雀の寿司はどんなものか、買ってみたら小鯛スズメ寿司だったの」と大笑いしていました。私たちも横で笑いを堪えて聞いていました。この寿司には放流サイズの小さなマタイが使われています。このために生産したコダイであれば問題はありませんが、税金をかけて放流種苗として生産したり、これから大きくなって大海に羽ばたこうとしている天然のコダイを一網打尽にしているのであれば、種苗生産に携わったり、放流効果向上を願って研究している者にとっては笑えない話です。

瀬戸内海のタイ類の増産：

養魚飼料や天然資源の増産に関する研究が多くの機関から受けた研究費により支えられたことに深く感謝しています。大学の研究費では旅費が少なく、学会参加の度に家計に負担をかけていました。委任経理金制度で提供された研究費は国内や国際学会への参加費としても有効に使用させていただき、養殖魚の品質向上に関する研究成果を広く紹介できました。

某市の刑事から土曜日の午後5時に東広島警察署に出頭せよとの呼び出しがありました。取調室に入るや、刑事から「あの金で車を買うたんか、家を直したんか、正直に言うてもらおうか」と、唐突にテレビドラマの通りの犯人に対する尋問で始まりました。「何のこと？」に、刑事の説明によると、贈賄事件に関係した団体から受けた委任経理金を賄賂と思ったようです。その団体の会計帳簿を携えて、刑事が前触れもなく大学の会計係（恐らく広島大学本部事務局経理部？）を訪れて大学の会計帳簿の開示を求めたようです。当然、門前払いされたため、大学ぐるみで賄賂を隠蔽したとの疑いを強めたのが、私への尋問の理由でした。いきなり大学事務局経理部に出向き、「賄賂」と記載があると思い込み帳簿開示を求めたこの刑事の常識を疑いました。

この刑事に対して、その組織からは「瀬戸内海におけるタイ類の増産に関する研究」で委任経理金制度や公金の支出方法を何度も説明しても理解できないようでした。それまで数年にわたって、研究費の寄付を受けていましたが、何故か、その年の寄付だけこだわっていました。大学から提出された研究費の正式な受領書を見ても理解できないようで、相変わらず、根拠のない「車買うたか、家直したんじゃろうが」の質問を5分から10分ごとに繰り返すばかり。受けた委任経理金の使途を聞かれましたが、研究費は他にも様々な機関や事業所から受けていたこともあり、「遺伝学的、栄養学的、生化学的研究のための試薬を購入したが、物品名など、いちいち覚えていない」と答えると、「自分が買うた物が分からん筈がなかろうが。車買うたんか、家を直したんじゃろうが」と責められ、ならば、研究内容を説明しましたが刑事には全く興味なしでした。例として、具体的に研究用の補酵素や、遺伝子分析用の10mg数万円する薬品名を挙げると、「そがあな高い薬がある訳なかろうが、ええ加減な嘘を言うな」と叱られ、また「車の購入と家の修理」の尋問の繰り返し。私から「研究費で自家用車が買える訳ないでしょう」には、「大学には、よおけ（沢山）車があろうが」と言い、私が「あれは公用車でしょう」と答えるなど、滑稽な尋問が延々と続きました。委任経理金の一部は学生も含めた研究室全員の論文の投稿料や国内、国際学会の参加旅費にも充当していました。「学会の発表や論文投稿すると大金が得られる」と思っていた人があり、とんでもない誤解に驚いたことがありました。そのため、研究費の使途として学会出張旅費への充当をこの刑事に言っても、旅費は大学が支給するものと誤解していると思い、敢えて言いませんでした。

さらに、私が行った講演の謝金の領収書をみて、これも賄賂と思ったようで「こりゃあ何に使うたんか」との尋問。講演謝金を何に使おうが勝手ですが、「学生の採集旅費」と答えたのが藪蛇でした。刑事は、全ての旅費は当然大学が支給するものとの思い込みがあり、長々と説明せざるを得ませんでした。刑事から「この金も問題じゃが、見逃してやるけえ、今後注意せえ」との意味不明の忠告。講演謝金まで賄賂と考えているとは、驚きでした。

最後に命じられた調書への拇印押印前に、調書に誤字や語句の間違いを見つけ、訂正しておきました。尋問が始まって6時間後の午後11時過ぎ、突然「もう帰ってええ」の一言。刑事の呼び出しへの謝罪や、被疑者の私から長時間にわたる丁寧な説明に対しても刑事本人の自覚がないため当然謝罪も感謝もなし。かねてから刑事の機嫌を損ねると嫌がらせやでっち上げがあると聞いていましたので「堪え難きを耐えて」丁寧に対応しました。勘違いの尋問に6時間もかけても、刑事ドラマでは定番のカツ丼もありませんでした。「これが罪になるんですか」と聞くと、「あとで連絡する」との返事でしたが、20年以上経った今でも連絡はありません。その後は強気で「遅いから留置所に泊めてくれ」と言ってみましたが拒否されました。「どうやって帰ったらいいのか？」に「タクシー呼んでやろう」との親切なるお言葉。「タクシー代は？」には無言であっち向いてホイ。仕方なしに夜道を徒歩1時間かけて帰宅した頃には日付が変わっていました。この無知な刑事にも旅費と超過勤務手当が存分に支払われたことでしょう。この件以来この団体からの委任経理金は取りやめになりました。

過去に2回、傷害事件の参考人として刑事の取り調べを受けたことがありましたが、紳士的な扱いで、一度は定番のカツ丼が出されました。今回はさすが、映画「仁義なき戦い」の舞台となった市から来た刑事だけに、口調や態度から、あの市の警察署にはヤクザや凶悪犯担当の刑事しかいないのか、と思わざるを得ませんでした。聞くところによると、この様な場合は申し立てによって警察署から謝罪があって然るべきとのこと。大学の経理部も賄賂の事実を隠蔽したと疑われたのですから、大学の法規係にも報告しておくべきであったかと反省しています。腹立たしい経験でしたが、頻発する冤罪がこの類の無知な刑事のでっち上げから始まり、不幸な日に遭った人が出たり、真犯人を逃したことが想像できました。この経験が読者の参考になれば幸いです。

ハタ類の種苗生産：

高級魚のハタ類を庶民が口にすることは稀です。以前、ハタ類の養殖は採算性の点から難しく、主として種苗が放流されていました。以前、岡山県水産試験場との共同研究でキジハタ幼魚の至適給餌頻度の試験を行ったことがあります。また、フィリピンのSEAFDECの研究所でチャイロマルハタの種苗生産に関する共同研究を行ったことがあります。SEAFDECの共同研究者は水産増殖学研究室の修士課程の修了者でした。私はこれまでハタ類を口にしたことはなく、研究するからには実験対象魚を食べておく必要があるため、イロイロ市のシーフードレストランに出かけました。ハタ類はどこの国でも高級魚として取引されていますが、種苗生産の成功率の低いのが悩みの種でした。ハタ類はフィリピンからも富裕者の多い都市や国々に輸出されていました。高級魚であるが故、東南アジアでは岩礁部に爆弾を仕掛け、根こそぎ漁獲するような違法な漁法もありました。彼が取り組んだ種苗生産期の餌料、飼育環境の改善により、それまで10％程度の低い種苗生産成功率を餌料プランクトンや給餌方法の工夫で30％まで上昇させることができました。この研究結果に対してフィリピン農業省から賞が与えられ、この研究が彼の博士論文となりました。彼が取得した学位論文の内容を大学の教授会で報告したところ、畜産の教官から「種苗生産率がたった30%の成功率でいいのですか」との質問がありました。牛では分娩成功率9割以上が当たり前ですから当然の質問でしょう。自然界では卵から数億分の一尾しか親になれない魚種もあって、当然淘汰される個体も多く、必ずしも種苗生産率を上げることが良しとはされません。中には孵化前に質の悪い卵を淘汰して、生き残れる個体のみを残します。これを長々と説明する時間もないまま、質問には「これでいいんです」としか、答えようがありませんでした。

運河と魚の移動：

貝類や藻類は船底に付着して世界を巡っています。最近は海水温の温暖化で生息域を広げる生物もあるようですが、定着して再生産できるかはまた別の問題です。1974年、マルセイユに留学中、領事館を通じて大学の医学部教授からフグに関する情報提供の依頼があり、研究所の図書室で資料を収集して提供しました。本来、フグは地中海には生息しない魚種です。「何故、地中海のフグか」と変に思いましたが、インド洋からスエズ運河を通って、地中海にフグが入り込み、それを知らない人が食して死亡事故があった、との情報が得られました。スエズ運河が開通していなければフグが地中海に現れることはないのですが、長い年月の間にそのようなことが起こっていたのです。

2023年、ブラジルの生物学者から、ブラジルの最東端のペルナンブコ州の沖で全長15cm程度のミノカサゴが発見されたとの報告がありました。まだ、アルゼンチンには達していないようです。背ビレの毒で怪我人が出たこともあり、生態系の撹乱を心配する声がありました。ミノカサゴは日本では多獲されないため店先に出ることは滅多にありません。美味な魚であることをブラジル人には伝えておきました。このミノカサゴの進入経路についてはパナマ運河と思われます。スエズやパナマ運河の開通により、船舶の通行が可能になっただけではなく魚も行き来できるようになりました。

3-3　魚の体成分

魚の肥満：

現代社会においてはヒトの肥満は深刻な問題で、肥満解消のためのサプリメントのコマーシャルが盛んに流されています。養殖魚は体重で値段が決まりますので、以前、養殖業ではふんだんにフィードオイルを配合飼料や生餌に添加することが流行りました。網生簀の中では動き回ることも少なくエネルギーを消費しないため、エネルギーは当然脂質となって体内に貯まります。しかし、この腹腔内の脂質は不可食部として廃棄されるため、消費者にとっては不可食部です。魚類が摂取したタンパク質は本来成長、即ち筋肉成分となるべきで、蓄積脂質はエネルギーとなります。しかし、後述のように不健康な養殖魚が生産され、その結果、養殖魚の評価を落としました。スペインの元留学生からの情報で、スペインでは魚の調理方法が異なるため、脂質の過剰蓄積は問題にならないため、ふんだんにフィードオイルが投与されているとのことでした。

旅行で見知らぬ街を散策するとつい側溝や川などに魚がいるか覗き込むのが癖になっています。観光で訪れた島根県津和野の街は落ち着いた風情、清楚な佇まいの側溝にコイがゆったりと泳ぐというイメージがあります。しかし、側溝で飼われていた超肥満体のコイには驚きました。コイは津和野のシンボルになっており、土産物屋に置かれた小さい配合飼料の袋を観光客が購入してコイに与える仕組みで、管理者の町が給餌することはないとのことでした。観光客がふんだんに餌を与えるため、成長する必要もないにも関わらず、コイは仕切られた側溝内で運動量も限られ、丸々と太り、それでも肥満コイは観光客に餌を求めて寄っていました。はたして、これらのコイは健全であるのか、との疑問が湧きました。

脂質の種類：

我々が普段口にする魚介類の脂質はトリグリセリドですが、それとは異なるワックスエステルと呼ばれる脂質を含む魚がいます。深海魚にはこの成分を含む魚がいます。この魚が網に入ると、漁業者は少し食べて大部分を捨てます。このワックスエステルを多量に含む魚は厚労省で取引が禁じられています。実は、味は良いのですが、人間はこのワックスエステルを消化できないため多食すると皮脂漏症（セボレア症）や下痢の原因となるからです。ワックスエステルはボラの卵巣から作るカラスミや普段食べている魚にも微量存在しますが、量が少ないので問題にはなりません。

大学院の学生時代、研究室にセボレアを発症する深海魚のバラムツを研究していたスタッフがいたため、研究室のメンバー全員で刺身にして試食することになりました。恐る恐る、各人一切れを口にしましたが、素晴らしく美味で、刺身の脂質が舌に当たる感触は爽やかで、思わず「美味い」の声が出ました。漁業者が漁獲したバラムツを少しだけ口にして捨てる意味が解りました。全員が一切れずつ食べ終わった後、一人の勇気ある学生がさらにもう一切れを口にしました。翌日、その学生は体調不良もなく、ケロッとして研究室に顔を出していました。他の学生一同「だったら、もう一切れ食べておけばよかった」と悔しがるほど美味い魚でした。

サケのホッチャリ：

サケは産卵のため、無摂餌で川を遡り、エネルギーとしての脂質を使い果たして産卵を果します。ホッチャリと称して食用にすることはないようです。このホッチャリについて、詳細な経緯は覚えていませんが、北海道から研究室宛に小包が送られて「サケのホッチャリの商品化を考えたので――」との説明が添えられていました。「試食してみてください」とは書かれてはいませんでしたが、てっきり食べられるものと思い込み、研究室のメンバーで試食しました。当然、ホッチャリは脂っけのない不味いものでした。残っていた頭部は捨てるつもりでしたが、それを見ていたスペイン人留学生が「貰っていいですか」と言い、「いいよ」と返事しました。試食後、このホッチャリの送り主に、試食した旨の礼状を返しておきました。ところが、先方から「食べられない訳ではありませんが――」との意味深長な手紙が届きました。その数十年後スペインでの国際学会の帰りに元留学生の家に招かれ、居間に入って驚きました。あの捨てるつもりであったホッチャリの雌雄2つの頭が向かい合わせに額に入れられて威容を誇っていました。写真3-2がその時のホッチャリの写真です。北海道からホッチャリを送ってくれた人は、飾り物用に加工して送ってくれた物であることをその時に悟りました。全く思いもよらず北海道のホッチャリはこのスペイン人によってスペインまで運ばれ、目的が果たされました。この元留学生の読みの深さに感服しました。

サケと同様、アユは産卵後は殆ど死にますが、たまにメスに限り越年するアユがいます。戦後の食糧難時代、幾つかの試験機関でアユを産卵後も越年させる試験が行われましたが全て失敗しました。我々の研究室で広島県太田川の越年アユを調査したところ、河川周辺では正月に越年アユを食するとのことでした。しかし、6月以降の越年アユは外観

写真3-2　額入りのサケ、ホッチャリ

や食味の点で食用にはならなかったようです。7月以降、捕獲されたことはありません。分析の結果、越年アユのタンパク質の合成能は低下していましたが、脂質の合成能はそのままであったため、筋肉はタンパク質が少なくトリグリセリドが増えたことが不味の理由でしょう。

酸化脂肪の害：

魚の飼料に酸化脂質が含まれていると「セコケ」と称する病気が発生します。酸化脂肪を含む食品は臭いや味の点から食欲を低下させます。昭和30年代、魚の干物の酸化防止にはブチルヒドロキシアニソール（BHA）が普及していました。

空腹な毎日を過ごしていた学生にとって日本人の大発明の一つである即席麺の普及は大助かりでした。部活動後、寮の食事だけでは足りず、夜食に即席麺4袋を食べて必ず下痢をしていました。当時の東海区水産研究所で即席麺から抽出した油をラットに与えたら「酸化脂質により死亡」との報告が出ました。当時はデンプンのα化のため麺を油で揚げていました。それ以来、即席麺のデンプンのα化に凍結乾燥が採用されたり、脂質が酸化しないような処置がされるようになりました。私の下痢の原因が酸化脂質か、食べ過ぎに因るかは分からないまま、食べる量を2袋にすると、下痢はピタリと止まりました。

3-4　配合飼料について

養魚用の配合飼料の規格は魚種や成長段階によって決められた基準があり、また成分も異なります。配合飼料の形にはクランブル（顆粒状）、固形、練り餌などがあります。アユにはクランブルが使用され、練り餌はウナギに使用されています。安価であることと、成長がいいとして生魚を投じている例もあります。養殖事業で飼料代が占める割合は50～60

％にもなりますので、飼料代を如何に抑えるかが課題です。配合飼料は栄養成分に加え、水中での浮力、沈降速度、適度な硬さ、糞の質、水の汚れ、残餌を少なくするような物性にも配慮されています。

昔、ペットのイヌやネコには栄養的に貧しい、家庭の残飯が定番でした。今では洗練された配合飼料が与えられるようになって、栄養バランスがとれ、ペットの寿命は格段に延びました。高齢者が寂しさからペットを飼うと飼い主より長生きして放棄ペットとなる恐れがあります。以前は栄養的に貧しいとはいえ、バラエティーに富んだ残飯？を与えられていたペットが、今では、同じ成分と形の配合飼料を与えられても、嫌にならないのでしょうか。戦後の食糧が乏しい時代、腹をへらした子供たちは誰しも、1粒食べれば満腹感が得られる丸薬を発明したいと思ったことでしょう。今では配合飼料の様な物でしょう。昼食と夕食に連続して同じメニューが出るだけでパニックとなる現在、例え栄養満点とはいえ、連日、配合飼料のような同じものを食べ続けることなどできないでしょう。魚も同様で、同じ群の魚の中にも餌の好き嫌いのあることが認められ、仕方なしに配合飼料を食べざるを得ない魚のいることを証明するような現象がありました。実験ではありませんが、水産実験所のコンクリート水槽に実験で余ったマダイ幼魚を入れて、時たま餌として配合飼料や生餌を与えていました。20～30尾のマダイの中で配合飼料でも生餌でも何でも食べる魚と生餌にしか食いつかなかった魚がいました。給餌頻度が高かった配合飼料を食べた魚は早く成長しましたが、生餌しか食べない魚の成長は緩慢で、たまに与えるオキアミやイカナゴなどの生餌には、大きい魚の間をすり抜け、素早く食いつきました。動きの素早さと赤い体色は鮮やかでした。同じ親から得たマダイでも、これほどの多様性がある、ということです。種苗生産を続けると淘汰され、配合飼料が好きな魚だけが生き残ることも考えられます。放流後のマダイにも同様の現象があり、放流後も餌をもらっていた記憶が忘れられず、人影を見ると寄ってくる群と放流地点から離れて、天然餌料のみを摂る群がいました。或る研究者によりますと、飼育されていた頃のマダイ幼魚の「○○の一つ覚え」の記憶を消すのは困難で、別のことを記憶させて以前の記憶を混乱させるしかない、とのことでした。その後、これについて適切な方法が見つかったのでしょうか。

日本の漁獲量が多かった時代、大量に漁獲された魚は畑の肥料として利用されていました。北海道のニシン長者の話は今も語り継がれています。昭和30年代の私の故郷の島根県浜田市では大量に獲れたアジやイワシなどの小魚を肥料にするため、ボイル後、道端の筵の上で干されていました。空腹を満たすため、筵上に干された埃だらけの魚と食べる若者もいました。

養魚飼料研究のため来日していたネパール人研修生から配合飼料工場を見学したいとの要望があり、工場見学に案内しました。輸入された魚粉は運搬船からダクトを通って工場に運ばれ、人の目に触れることなく、全作業工程が機械内で行われ、最後に袋に入った完成した配合飼料が出てきました。この工程で製造された配合飼料を見た研修生は当然、唖然としていました。こうして出来上がった配合飼料は安価ではなく、養殖魚生産にかかる費用の中で高価な項目です。魚粉の他に、高価で栄養価の高いタンパク質源としてイカから調製したイカミールがありますが、これは試験用、もしくは特別な用途に限って使用されています。

大学の練習船の救命艇の緊急食糧の更新の際、期限切れの食糧をもらい受け、他学部の栄養学の講義の教材に持参し、成分表を示しました。救命ボートで生き延びるための緊急食糧の主成分はエネルギー源で、救命艇で美味いからと言って一度に食べ尽くされては困りますので美味くはありません。さらに、生き延びねばならない状況で成長する必要はありませんのでタンパク質は低く抑えられています。

最近、中国で魚食が普及して魚の消費量と養殖生産量が増えたため、魚粉価格が上昇し、日本も当然影響を受けています。水産養殖を始めようとする海外でも上記の輸入魚粉が高質で高価なため、自国産の魚粉を利用して配合飼料を調製したいとの要望があります。その目的のため、トルコ東北部の黒海沿岸のトラブゾンの“The Fish Culture Development Project in The Black Sea”（黒海魚類養殖開発研究所）で黒海カレイ（現地名カルカン、写真3-3）の飼料開発プロジェクトに参加しました。地元で生産された魚粉はタンパク質含量が低いのが最大の欠点で、養殖魚の質を上げる問題より、まず魚を成長させるための基本的な配合飼料作成が課題でした。黒海カレイは体表に小石のような幾つかの硬い突起があります。1カ月の滞在期間中、残念ながら口にする機会はありませんでした。結局、配合飼料の品質の点で黒海カレイの養殖には更なる研究が必要であることが判りました。短い1カ月の滞在期間ではありましたが、研究所に研究方法や論文作成のノウハウが根付き、そこで行った配合飼料の研究が国際誌に発表できるようになりました。

写真3-3　トルコの黒海カレイ（トラブゾンの魚屋）（右側カレイの無眼側の黒い斑点から放流魚と思われる）

アルゼンチンではニジマスなどの内水面養殖は行われていましたが、海面を利用した網生簀での養殖は大西洋の波が荒く、更にトドなどの大型野生哺乳類が多いため不可能で、陸上で循環水槽を用いての養殖に限られます。海水魚の陸上養殖を普及させるため、ブエノスアイレス州マルデルプラタの国立水産開発研究所の海水魚のマダイ（*Pagrus pagrus*）とヒラメ（*Paralichthys orbignyanus*）の配合飼料の開発プロジェクトに参加しました。それらは日本のマダイ（*P. major*）やヒラメ（*P. olivaceus*）と属名は同じで、種名が異なるだけで、見た目で違いは判りません。研究室で試食用に調理されたヒラメのエンガワが除かれていたので「エンガワが美味いのに」と言うと、スタッフから「ヒラメが出来たらエンガワは輸出してやるよ」と返されました。マダイとヒラメを陸上水槽で生産した場合の採算性を循環水槽設備や電気代などの出費を考慮して試算したところ、市場価格からヒラメの養殖は何とか採算性がありましたが、ヒラメより安価なマダイでは採算が合わないとの結果から、更なる研究が必要であることが判りました。

大草原パンパで自由に草を食べさせて食料を得る牧畜の国に、餌料プランクトンの培養の必要な種苗生産などの煩雑な魚類の養殖手法が根付くにはしばらくの期間がいるのではないかと感じました。

アンデス山中のパタゴニアのフニンデロスアンデスを経由してバリロチェへの出張途中、大きな湖でニジマスが網生簀で養殖されているのを見ました（写真3-4）。ニジマス養殖は、チリ産の配合飼料を用いても採算が取れていたのでしょう。荒涼とした道沿いにあった一軒のレストランを見つけて昼食にニジマスを食べました。パタゴニア地方はパンパとは違い土地の生産性が低いため、往復の車中から放牧らしき風景は見られず、彼方の丘に野生のグアナコらしき小さい群が見えました。

写真3-4　アンデス山中の湖でのニジマス養殖

アルゼンチンでは鮮魚から魚粉を製造することが法律で禁じられており、缶詰工場やレストランから出た魚の残渣、即ち写真3-5に示したような不可食部の頭、骨、鱗、内臓、皮などの残滓から魚粉を生産しています。利用できない残滓から養魚飼料を作成することは、資源の有効利用や地球上の動物タンパク質の浪費を防ぐ意味でも極めて理にかなった政策です。しかし、残滓から得た魚粉はタンパク質量が低く骨由来のミネラル分が多いため、養魚用の配合飼料の材料としてはこのままでは不向きでした。このような状態で採算に合う配合飼料の調製が課題でした。研究室でこの魚粉を篩にかけて骨などを除き、タンパク質量を上げる工夫をしました。この質の悪いタンパク質の低い魚粉を使ってマダイやヒラメを成長させる基本的な配合飼料の作成が課題で、配合飼料のサプリメントを考えて養殖魚の質を向上させる段階ではありませんでした。様々な工夫を凝らして配合飼料を作成し、給餌試験が終了する3か月後に結果を報告してもらうよう依頼して帰国しました。しかし、研究所のスタッフの無知により給餌期間中に飼料組成や実験設定を変えてしまったため、実験にはならず私の3カ月の滞在中の努力は水泡に帰しました。

写真3-5　アルゼンチンの魚粉原料と製品の魚粉

3-5　消費者からみた水産物

魚の体長：

一般に混同されている項目に、体長と全長があります（図3-2）。全長は頭から尻尾の先までの長さで、サメ類のように尻鰭の上部が長く下部が短い場合、全長で表すと値が非常に大きくなります。特に、釣り人が他人に釣果を伝える際、大きさを両手で示しますが、この場合はまず全長です。特に逃がした魚や過去の釣果を自慢する際は必ず全長です。「逃がした魚」はいつも大きいのです。冗談はさておき、養殖魚の場合は過密で飼うため尻鰭がすり切れることがありますので、研究では全長は使わず、頭から尻鰭の付け根までの体長を指標とします。消費者が魚を買う時、重さで買い、長さでは買いませんので、長さは問題にはなりません。

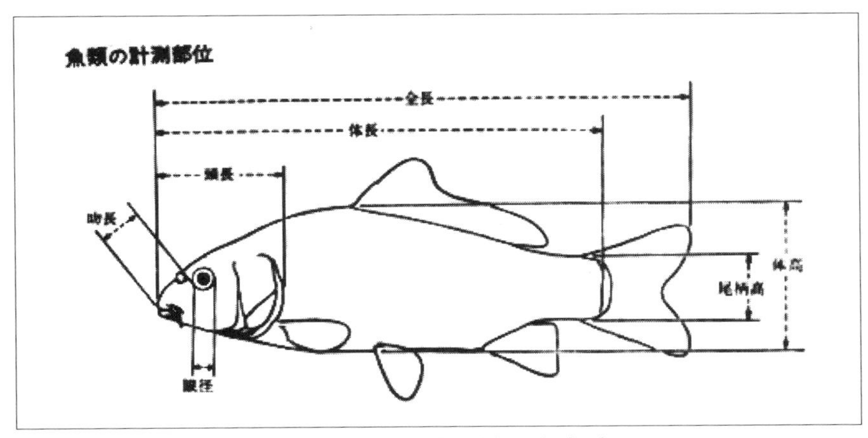

図3-2　魚類の計測（原色淡水魚類検索図鑑より引用）

魚の鮮度：

実験後、魚の試食をする際は、即殺して1日冷蔵庫に置いて死後硬直、自己消化を経た後、同じ条件下で食味試験を行いました。アユなどの小さい魚では氷水に漬けて殺して直ちに冷蔵庫で保管します。大きい魚では延髄刺殺を行います。

養殖魚の鮮度については活魚輸送などにより調整可能ですが、天然魚の鮮度はそういう訳にはいきません。家庭に冷蔵庫のなかった時代、天然ブリの旬は冬で脂の乗った美味い時期で、年末に購入して、冷蔵庫代わりに寒い軒下に吊るし、熟成させてから正月に刺身として食しました。少し鮮度が落ちた頃になると加熱調理して食べるなどの工夫をしていました。一方、養殖ブリは年中が旬のように脂質を蓄積していますので年中脂の乗ったブリを食べることができます。魚は即殺後、死後硬直、自己消化を経て腐敗に至りますので、昔は自己消化を経てから食用にしていました。漁船上で漁獲直後の魚を口にしてその味気なさを経験した人もあろうかと思います。漁協の組合長や市場の仲買人の集まりで、昔の一流料亭の予約に関する話を耳にしました。料亭に予約を入れると、魚種にあった熟成時間に合わせて、魚を殺して自己消化を経て美味くして客を待ったとのこと。今では生き作りの好きな人もいて、好みは人それぞれですが、科学的には必ずしも生きが良ければ、美味いとは断言できません。ブリについては天然と養殖の比較、及び肉質については「養殖魚の価格と品質」（恒星社厚生閣）の中で述べました。天然魚と養殖魚の味に関しては、坂口守彦著による「どんな魚がうまいか」（成山堂書店）で詳細に述べられています。

魚の鮮度の基準としてK値と呼ばれる係数が用いられています。魚肉のATPは死後、魚体内の酵素で分解されるため、このATP関連物質の量を測定した値がK値です。以前、実験として鮮度測定をしていた頃、分析が終って鮮度がでた頃には魚が腐敗していたと云う滑稽な話がありました。後に、東北大学の佐藤実名誉教授の考案によるK値測定器が開発されて、瞬時で測定が可能になりました。測定器で得た値と魚の取扱熟練者の評価が見事に一致した場面を見たことがあります。表3-1のようにK値の低い魚が鮮度が良いことになりますが、白身の魚では鮮度が落ちてもK値が低いことがありますので魚種間での比較はできません。鮮度によって、これだけの差があるとして、判断の基準になればと思います。

表3-1　鮮魚の鮮度（K値）

	K値
即殺魚	3.5±1.9%
良質の寿司	18.7±4.0%
都内の小売店	34.0±2.7%

多獲されるため鮮度の落ちた魚を使わざるを得ない水産加工業者は、知恵や技術を駆使して良い製品を作るのが課題です。鮮度が悪いから云々は決して口には出しません。水産加工業を営んでいた父が言うには「鮮度が良ければ誰にでもいい製品ができる」とのこと。グルメ番組で「鮮度のよい魚を使わないと美味い料理はできない」と調理人が口にするのに奇異に感じます。

可食部：

店頭で魚を買う時、肉づきの良いものを選びます。販売する側、購入側も、魚の重さが最も重要な指標で、それによって値段が変わります。消費者は可食部分が多いのが良いわけです。私たちが研究を行う際に指標とするのは体重に加え、筋肉部分をメスとピンセットで細かく切り取り、その重量を可食部とし、頭部、骨、内臓、皮や鱗を不可食部としました。以前、質の悪い養殖アユは骨まで軟弱で骨も「可食部？」となるような時期がありました。

図3-3に天然魚と養殖魚の筋肉の脂質含量を示します。概して養殖魚の脂質含量が高いことが判ります。筋肉の脂質が食味を大きく作用する

様で、脂質の少ないトラフグやヒラメでは養殖と天然魚の間では差が少ないと言われています。後述しますが、筋肉部の脂質含量の高いことだけが養殖魚の評価が低い原因ではありません。一般に食品中で食味に及ぼす脂質の関りを明らかにすることは容易ではなく、どのような脂質の種類や筋肉内での存在状態が味に影響するのでしょうか。

1990年頃、近畿大学水産研究所でトラフグの栄養要求試験を行ったことがありました。配合飼料が完成していない段階では、生育の良い元気な群では肝臓が大きく、組織学的観察では肝臓に油滴が蓄積して脂肪肝と言われるような肝臓を持つ魚が良い飼育成績を示しました。普通は実験後に試食試験を行いますが、フグでは諦めました。

以前、筋肉にたっぷりと脂質を含んだ養殖ブリがまかり通っていたことがありました。脂質の多い魚でも「脂がのっている」との高評価とは反対に「脂っ濃い」があります。魚に蓄積した脂質が必要に応じてエネルギーとして利用できるような代謝であれば「脂が乗っている」、所謂、健全な生理状態で脂質が蓄積されている状態と考えられます。絶食により筋肉の脂質を調節して適切な脂質含量にできるような代謝にすること

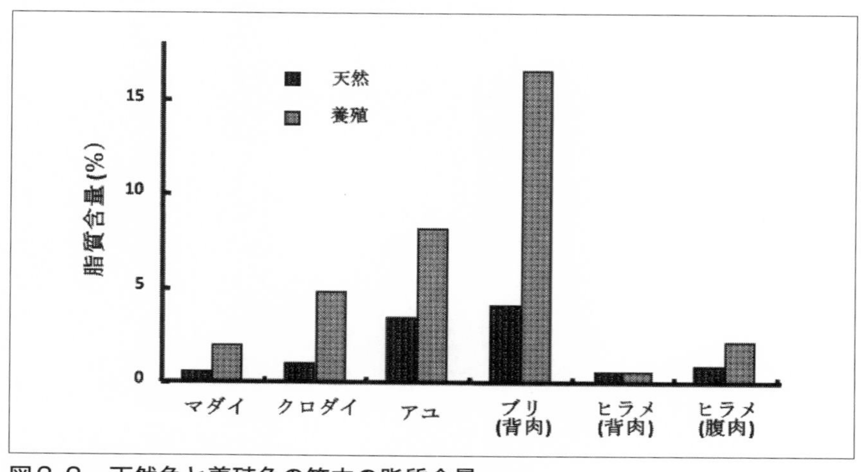

図3-3　天然魚と養殖魚の筋肉の脂質含量

が重要です。代謝できない脂質を筋肉に貯めた魚が「脂っぽい」と言われ、養殖魚は不味い、と言われる由縁ではないかと考えています。蓄積脂質の状態を簡単に調べる方法として、魚を数日間、絶食させると、代謝可能な脂質を蓄積した魚では、それを優先的にエネルギーとして消費します。しかし、代謝できない状態で蓄積した脂質はエネルギーとして消費されることなく、筋肉のタンパク質がエネルギーとして消費されてしまうため、結果的に絶食させると相対的に脂質の割合が増える結果となり食味が低下します。以前はこの現象が普通と思われていました。フィードオイルを飼料に多量に添加して蓄積した脂質がエネルギーとして消費され、筋肉タンパク質のエネルギーへの消費を抑制する目的でした。しかし、本来の目的が果たせず、スポンジに油を含ませたような劣悪な品質の養殖魚が出荷されていました。

図3-4に魚類の栄養素の利用と代謝の特徴を示します。魚類の代謝は家畜と違って糖尿病的な代謝をしていえデンプンのような炭水化物の利用能が低いのが特徴です。したがって飼料の内、エネルギー源として消化、利用できるのはタンパク質と脂質だけです。代謝が正常でないと本

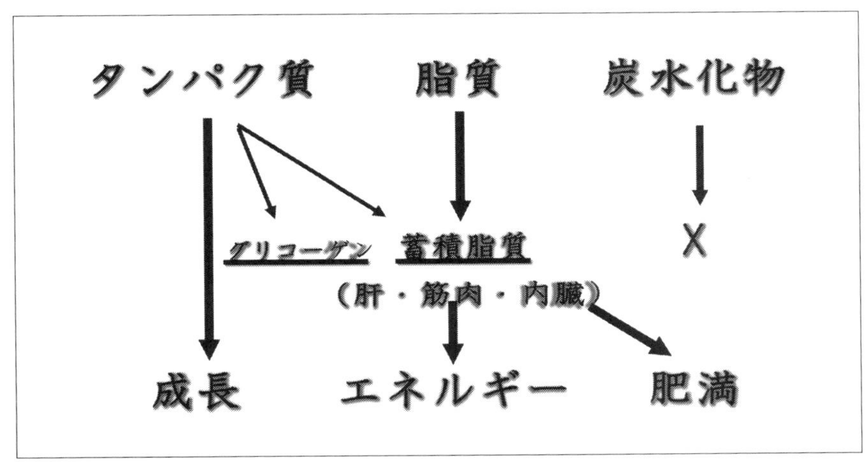

図3-4　魚類の営養素の利用と代謝

来は成長に利用されるべきタンパク質が脂質に変換され、肥満体になります。家畜用の配合飼料のタンパク質含量は25％以下ですが、養魚用配合飼料では35％から50％と、家畜用よりかなり高値となっています（表3-2）。

表3-2　配合飼料のタンパク質含量

ウシ	20%
ブタ	15%
ニワトリ	18-23%
イヌ	16-27%
ネコ	30%
養魚飼料	35-50%

飼料タンパク質が吸収後、筋肉に蓄えられれば成長ですが、一部はグリコーゲンや脂質にも変わります。配合飼料に多量に添加されたフィードオイルにより蓄積した脂質がエネルギーとして優先的に消費されるかは疑問です。吸収された脂質は魚種の代謝の違いによって筋肉、肝臓、内臓の脂肪組織に蓄えられます。健全な魚では絶食期間に必要なエネルギーとして蓄積脂質が優先的に利用され、筋肉タンパク質の消費は抑制されます。蓄積脂質が代謝されない場合は体内に沈着して肥満魚となります。これが当然食味に負の影響を与えると考えられます。

かなり以前の養殖初期のブリの白筋部（血合いを除いた筋肉部）の組織像を写真3-6に示します。良質の白筋は筋繊維が充実していますが、質の悪い筋肉では筋繊維が委縮しています。筋繊維の壊死部や筋繊維の間の空洞部分に脂肪が入り込んでいたと思われます。今ではこのような肉質の養殖魚はいないと思いますので、その点ではこれらの写真は貴重でしょう。このような状態では「脂が乗った」との表現より、「脂っぽい」と評されるものではないかと思います。

魚の健全性が食味にどのような機構で影響するかは不明ですが、健全な代謝をする魚は美味な筈と信じて研究を進めました。

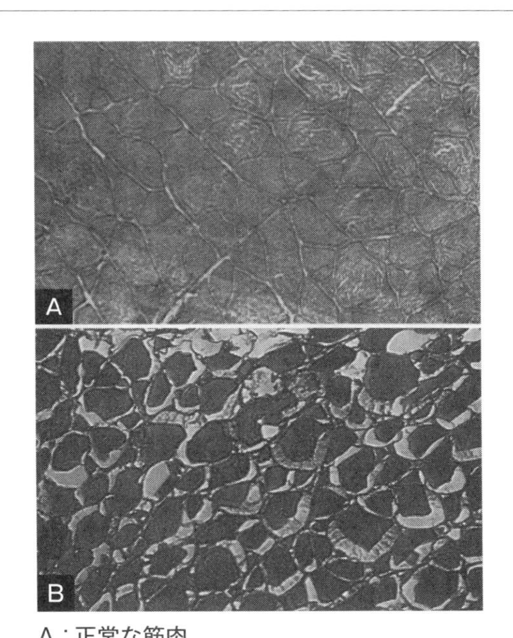

A：正常な筋肉
B：不健康な筋肉（抜けた部分が脂質の跡）

写真3-6　ブリ白筋の組織像（H-E染色、山口氏提供）

第 4 章

配合飼料用サプリメントの必要性

4-1　サプリメント

日本国内の食料自給率が次第に減少しつつある中でも、財力さえあれば飽食時代を満喫できるため、将来の食糧不足を自覚することなく過ごせています。世界には飢餓で悩む国が多くある一方、飽食が故に生ずる栄養素のアンバランスで不健康になる人がいます。この栄養素のアンバランスを補うため多くのサプリメントや健康食品が販売されています。サプリメントと似た言葉に「添加物」「微量栄養素」「必須栄養素」がありますが、それぞれ定義があります。飼料の使用については国が決めた「飼料の安全性の確保及び品質の改善に関する法律」に従っています。全て

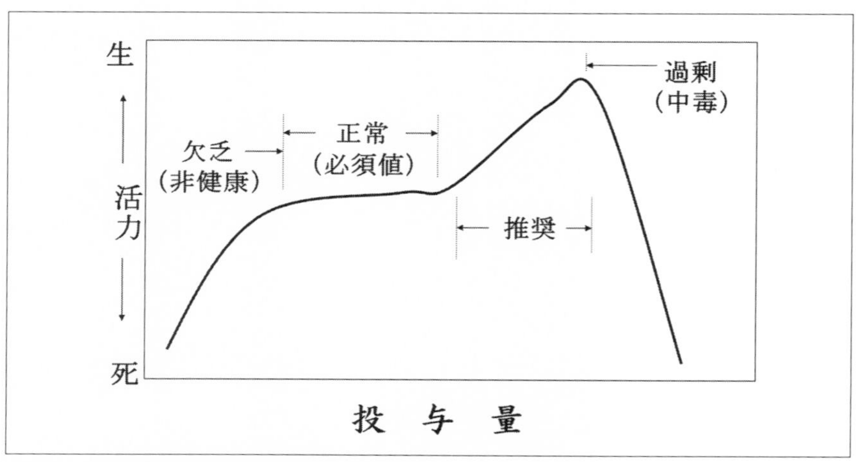

図4-1　栄養素の欠乏、適量、過剰

の栄養素はどの程度を摂取すればよいかを判断基準を模式的に図4-1に示します。必須栄養素が欠乏すると活力は落ち、生命が維持できません。適切量であれば健康が保たれますが、成分によっては多過ぎて排泄されなければ過剰の弊害が生じ、中毒を起こします。特に害はないと思われるサプリメントであっても摂餌量の見極めは大切と言えるでしょう。

ビタミンやミネラルなどの必須栄養素は摂取しないと体調を崩して死んでしまいます。飼料添加物は飼料の安全性の確保および、品質の改善のため法律で使用が認められている成分です。天然成分のサプリメントは、使用に薬品などのような制約はなく、何らかの有効性が認められれば使用できます。ここで述べる養魚飼料に添加する海藻粉末は必須栄養素でも添加物でもありません。サプリメントは摂取しなくても直ぐに死ぬことはありませんが、活力や健全性向上に有効と考えて研究を進めました。

人類がかつて原野に住んでいた頃は、空腹のため、周辺にある食べられるものは好き嫌いにかかわらず全てを口にせざるを得なかったでしょう。摂取量は少なくても、全てを食べることにより栄養素のバランスだけは取れていたのではないかと考えられます。食物が豊富になると好きな物だけを食べるため、栄養成分のバランスが崩れることがあります。飽食が故に生ずる栄養素のアンバランスによる不健康の理由です。これが毎日、30品目の食材を摂ることが推奨されている理由です。これを魚で説明したロシアでIvlevが行った分かりやすい研究があります（図4-2）。コイ科の魚に甲殻類、環形動物（ミミズやゴカイの類）、小魚、微細藻類、昆虫の5種類の餌を与えましたが、その全体の量が少ないと、全てを満遍なく食べました。しかし、同じ種類の餌の総量を次第に増やしていきますと、好物の甲殻類だけ食べて、微細藻類や昆虫は残しました。食べなかった餌の中に生命の維持に必要な成分があったとすれば、摂取した栄養素に偏りが生じます。この実験では成長や健全性への影響は調べら

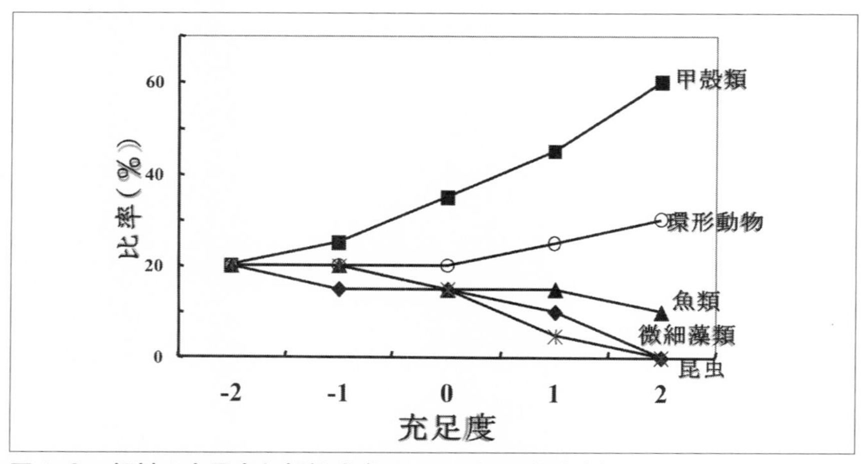

図4-2　餌料の充足度と餌組成（Ivlev、1975を改変）

れていませんので、健康を害したかは分かりません。私たちは飽食の世界にあれば、嫌いな食材には手を付けなくて済みます。野菜が嫌いと言って食べなくとも直ぐには死にませんが、長い間には健康に不調が出ることは明らかです。現代人は全ての必要成分を満遍なく食べていないと、不足成分を補うため、サプリメントを摂取する必要が生じる訳です。

天然魚の消化官を調べると様々な種類の餌生物が摂られていることが判ります。豊富な餌生物のいる場所の魚は飽食はしないとの論文がありました。餌料生物が少ない環境では満腹しておかないと、次はいつ食べられるか分からないからでしょうか。まさに、戦後の食料不足の時代に育った世代が食べ物を残すことに罪悪感を覚えるのと同じ現象でしょう。養殖対象魚は種ごとに様々な食性を持ち、栄養要求も異なります。それぞれの魚種について不足しがちな成分を飼料に加えることにより、配合飼料を改善することを思い付きました。過去の養殖では成長、生残率、飼料効率が重要な指標でしたが、今ではさらに健全な魚の生産を目指して研究が進められています。サプリメントを加えても飼育成績が低下することなく、健全な状態になったか否かが重要な指標となります。

4-2　研究の動機

日本における魚類養殖は、養蚕で出たサナギをコイに与えたことに始まります。飼料に養蚕廃棄物のサナギを使っていましたが、サナギに含まれていた脂質が酸化していたのが原因で、「セコケ」「カミソリ」などと呼ばれる病気が発生しました。魚の背肉が落ちて背中が欠けたように見えたため、この名が付けられました。当初、魚が糖尿病に罹ったのではないかと疑われたこともありました。これが最初の魚類の栄養性疾病で、このセコケ（Sekoke）は今では世界共通の専門用語となっています。ある不勉強な留学生が「Sekokeなどの日本語は知る訳がない」と居直りましたので、彼が持参した英文テキストにあったSekokeの項を示して黙らせたことがありました。

以前は魚類養殖の飼料として生魚が使用されていましたが、飼料の研究が進むと、魚粉をタンパク質源としてそれにビタミン、ミネラルなどの必須栄養素を添加した配合飼料が開発され、成長、飼料効率、生残率を指標にして必要量などが決められて発展してきました。

魚類栄養の研究を始めるにあたり、基礎的な知見を得るため、天然魚は一体何を食べているのか、摂餌に関する過去の研究報告を見直しました。藻類食の河川のアユは川底の岩石上の付着藻類を食み、アイゴなどは海藻を食べます。プランクトン食魚、植物や動物など何でも食べる雑食性魚、さらに主に小魚や甲殻類を餌にする魚食性の魚がいます。我々が日常に食する魚の多くは、アユを除けば、雑食性か魚食性です。ところが、魚食性魚のブリなどの消化官内容物にも海藻の破片があったとの論文がありました。その論文の著者のコメントによると、小魚を捕食する際に偶然口に入ったのではないかと解釈されていました。また、雑食魚のマダイの消化官に多くの海藻が入っており、多い場合は50%に達することもありました。マダイの種苗生産過程で、仔稚魚期の餌のプランクトンから魚のミンチに切り替えると途端に養殖池に自然発生したアオサなどの海藻を食べる現象が認められました。このことについては、アオサに付着していたヨコエビ類を摂餌する際、口に入ったのであろう、との解釈もありました。しかし、消化官内容物にあまりにも多くの海藻の破片が見つかることには何らかの意味があってのことと思い、様々な魚種で飼料成分としての藻類の重要性を調べようとしたのが実験の動機です。

この飼料試験では使用したクロレラ[#1]やスピルリナ[#2]などの微細藻類、海藻などを含めて“藻類”として話を進めます。天然環境で摂餌されている藻類を配合飼料に添加して効果を調べてみました。有効性の指標としては、成長や生残率などの飼育成績に影響がなかったことに加え、後述の代謝、活力試験、抗病性の指標から健全性を評価しました。我々の食事で、海藻入りのフリカケや焼きノリで食欲が増すことがありますが、藻類を添加した配合飼料を給餌した時の魚の摂餌状態を観察しても試験魚の食欲が向上することも低下することもありません。藻類を飼料に添加した結果の内、アユに対するスピルリナの投与試験では明らかに負の影響が認められましたが、これについては後述します。

[#1] クロレラ：直径3～8ミクロンの球形の淡水性単細胞緑藻類で、湖沼や河川などに生息しています。クロレラエキスはヒトの健康食品として利用されていますが、負の影響を示すデータも見られます。

[#2] スピルリナ：亜熱帯地方の高アルカリの塩水湖に繁殖している藍藻類の一種です。現在は健康補助食品として生産、利用されていますが、一部には有害作用のあることも報告されています。

4-3　飼料の有効性の評価

成長、生残率、飼料効率：

従来はこれらの項目を用いて飼料が開発されてきました。この測定項目の値が低下すると当然のことながら有効とは評価されません。魚類は多様性に富むため、試験結果にはばらつきがあり、必ず統計処理をして結果を評価せざるを得ません。天然界には成魚まで生き延びられない魚が絶対数います。死ぬ運命にある魚は餌だけ食べても、ある程度成長しても商品になる前に死んでしまう、所謂「食い逃げ」にならないよう、早い内に淘汰された方が良い場合があります。何代にもわたって継代飼育している間に、人間の都合の良い個体だけが生き残れるよう淘汰されているのでしょうか。

4-4　飼料の代謝への影響

代謝、筋肉成分、絶食試験、越冬試験：

養殖魚は脂質が多くて不味いと言われる場合、脂質が多いだけではなく、口にした時の脂質の感触が悪いことに原因があるのでしょう。正常な代謝をする魚では餌の不足、冬季の水温低下による食欲低下には基礎代謝を下げて蓄積脂質をエネルギーへ優先的に転換できる代謝をしています。異常代謝の場合は筋肉タンパク質が優先的にエネルギーとして消費されるので、相対的に脂質が増加します。代謝が正常でない状態で給餌量を減らすと、所謂ダイエット#ではなく、衰弱となるでしょう。飼

#一般にはダイエット（Diet）は「減量する」の意味で使われています。我々の研究分野では「日常の食事、動物の常用飼料」の意味で使用しています。研究を開始した学生は当初このDietで混乱します。例えば、fish diet は魚の餌で、魚の減量（ダイエット）ではありません。

料を与えて、正常な成長をした上で脂質が増加することは必ずしも悪いことではなく、絶食させて蓄積脂質が優先的に消費されるような代謝であれば問題ありません。

養殖魚の質的劣悪さのもう一つの原因は筋肉タンパク質が少なく筋原繊維が切れ易いことにもあります。筋肉の軟弱さは死後の自己消化による筋原繊維のZ線の崩壊が早く大きいためです。これは運動により改善されますが、養殖条件下では改善は望めません。筋肉コラーゲン量は飼料により変化します。一般にコラーゲンの多い魚種は生の状態では硬いのですが、加熱によるゼラチン化により軟化します。一方、コラーゲンの少ない魚の筋肉は柔らかいのですが、加熱すると他のタンパク質が加熱変性しますので硬化します。研究室では飼料の有効性を筋肉のコラーゲン量、タンパク質合成能と分解能で比較しましたが、組織学的観察は行っていません。

瀬戸内海は冬季の水温が低いため、魚の代謝が低下して食欲がありません。養殖魚の代謝の健全性を知る方法として、絶食試験や越冬試験を行いました。魚類は哺乳動物のように絶食ですぐに死ぬことはありません。健全な養殖魚は出荷前に数日間給餌を止めて脂質だけ落とすこともできます。これを実験魚に応用して、給餌後に絶食試験を行い、体重減少率を比較しました。また、体重減少率に差が出た理由を説明するため、体成分の変化、特に筋肉のタンパク質と蓄積脂質の量を比較し、絶食期間のエネルギーをどちらの成分から補ったかを調べました。

4-5　養殖魚の健全性

健全な魚とは如何なるもので、如何に評価するかに決まった方法はありませんでした。実験遂行中に思いついた幾つかの現象の内、異なった群の間で差異が認められた項目に工夫を加え、試験項目としました。ただし、天然魚は取り扱いに慣れていないため、健全性を養殖魚と比較することは不可能です。

低酸素耐性：

実験中に経験したことですが、給餌試験終了後、魚をバケツに入れて順に体重測定をしている間に、酸欠でひっくり返る魚がありました。その割合が餌の違いによって差が出たことに気づき、低酸素耐性試験と名付けて試験を組んでみました。後述の図5-3に方法を示します。予め溶存酸素を飽和させておいた水槽に魚を入れビニールカバーで覆い空気を遮断します。時間と共に溶存酸素が減少し酸欠で、腹を見せてひっくり返るまでの時間と溶存酸素量を測定しました。

乾出試験：

魚の搬出や取り扱いの際、短時間の乾出で魚が弱るのは致命的です。そこで、図4-3に示したように、魚を水から出して、5分間空中に放置した後、水に戻して、回復して泳ぎ出すまでの時間を比較しました。回復しない魚が出ました。これを乾出耐性としました。

肝機能：

多くの魚類の膵臓は肝臓の中に組み込まれるように共存する肝膵臓ですが、本書では全て肝臓として話を進めます。肝臓の機能の一つに有害成分の体外への排除があります。我々がアルコールを飲むと肝臓の作用によって排泄されることを応用して、麻酔剤の2-フェノキシエタノール0.1%含む水に魚を50秒間浸けると麻酔にかかり腹を見せて横転します。その後、清浄な水に戻すと、麻酔薬のアルコールが肝臓の作用で体内から排出され、回復して泳ぎ出します。回復までの時間を測定し、これを肝機能検査としました（図4-4）。

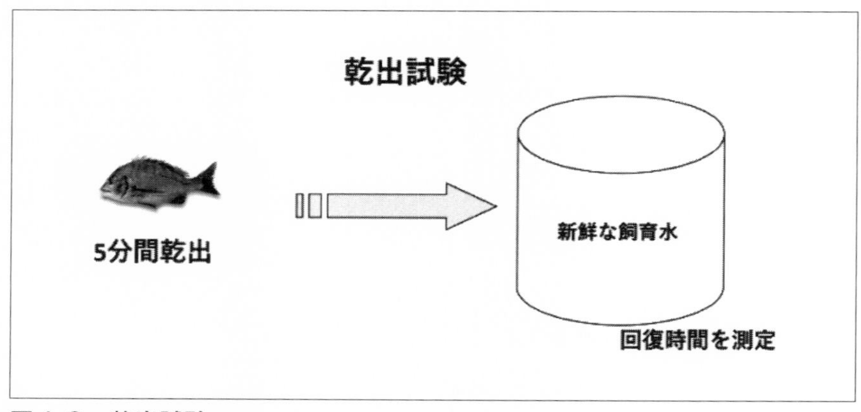

図4-3　乾出試験

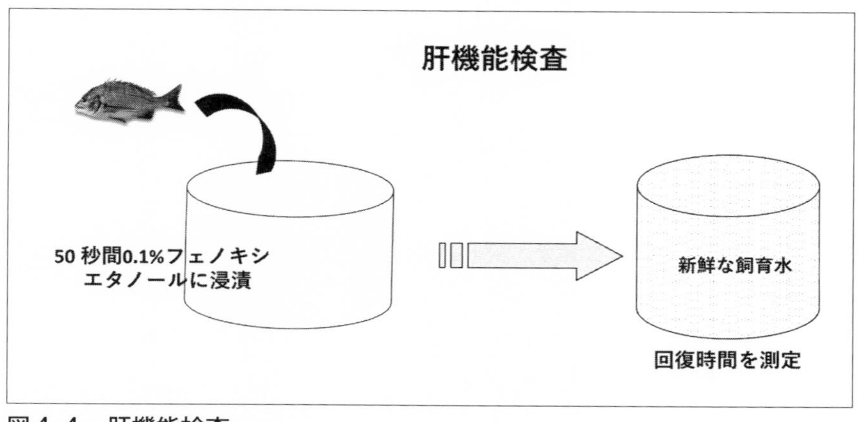

図4-4　肝機能検査

膵機能：

ヒトの糖尿病検査と同様の方法で行いました。魚類は炭水化物の利用能が低く、常に糖尿病的な代謝をしています。そこで、ブドウ糖をカプセルに入れて経口投与後、血糖値と血清インシュリンの変化を比較しました。魚は炭水化物の利用能が低いため、ヒトのように素早く血糖値が上下することはなく、非常に緩慢です。

抗病性：

養殖の過程での病気は厄介な問題です。病気感染に対する抵抗力を有する健全な魚に仕上げる必要があります。藻類を配合飼料に加えて、クロダイ、マダイ、アユで病原菌に対する抵抗力を比較しました。測定項目には、血液の補体活性、白血球数、白血球の食菌能、免疫活性を用いました。アユをビブリオ（Vibrio）菌を含む飼育水に入れて、感染率を比較しました。ブリについてはマイワシの生餌を与えて生ずる栄養性疾病の予防効果を比較しました。

血清性状：

海藻添加飼料を与えた魚で様々な血清（または血漿）項目を測定しました。ヒトの健康診断に用いる検査項目と同じヘマトクリット値、血液凝固能、溶血、血清タンパク質、血清脂質、血清酸化脂質、血糖値、乳酸などです。ブリのような活動的な魚では取扱中に暴れて、酸欠状態になると血球が極端に膨張するためヘマトクリット値が上昇します。飼料に藻類を添加した際の影響を比較しました。

4-6　試験魚の食味試験

飼料試験の後は必ず研究室のメンバーで食味試験を行いました。飼育後、味が低下した場合は有効とは評価できませんが、これまでのサプリメントの添加実験で食味が落ちた例はありませんでした。食味試験の素人である研究室のスタッフが行うため、味に関する評価は敢えて論文には記載していません。研究室での食味試験では、臭い、食味、肉の硬さ、水っぽさ、脂質の具合、ノド越し、後味の比較を無言で行い各試験区間で比較した結果を用紙に書き入れます。

研究室によって様々な食味試験方法で行っています。我々の食味試験では、魚を冷水に漬けて即殺し、死後硬直を経て自己消化が始まるまで冷蔵庫に保管し、同じ条件で行いました。例えばアユを焼く時に調味料を加えると部分的に味が違うことがありますので、それを避けるため、電子レンジで調理し、塩や醤油などの調味料は無しです。しかも、同じ部位を食べて比較します。あまり美味いものではありませんが、これが研究、として行いました。水産増殖学研究室を希望した学生に魚が嫌いな者はいませんでした。しかし、来日後間もない留学生を研究室に馴染ませようと食味試験に参加させましたが、「食べたことのない物は一切口にしない」と、頑なに拒絶して聞き入れません。「Youは何しに日本に？」との質問には「Aquaculture（水産増養殖）」を繰り返すばかり。「これがAquacultureだ」と言っても受け付けず、ついに「食え」と怒鳴りつけました。その翌日、誰にも告げずに国外逃亡し、居室のドアノブには彼が注文した大量のハラル食品が料金未払いのまま残されていました。

大学院学生時代、石巻の水産加工場の研究室でタラコの品質向上の研究のアルバイトをしたことがありました。私の工夫がたまたま功を奏し、加工場に数億円の利益をもたらしたと喜ばれ、ご褒美をいただきました。私の人生で金儲けに貢献できたのはこれが最初で最後です。この製品の結果報告会で「官能試験では云々」なる言葉を使ったところ、突然、理事長から「“官能”とはこのような時にも使うんですか」と質問されました。当時の街角のあちこちには「官能巨編○○」「官能的女優○○」と艶めかしい、官能に訴えるピンク映画のポスターが掲げてあった時代でした。

第 5 章

藻類で養殖魚を美味くする

5-1　藻類添加飼料の実験

藻類成分とこれまでの研究：

我々の研究結果から、今では海藻や微細藻類を含めた藻類の有効性が認められ、家畜や魚介類などのサプリメントとして用いられています。古来より地中海や大西洋沿岸では家畜の補助的な餌として海藻が利用されていました。藻類をタンパク質源として利用するには莫大な量の藻類が必要になり、価格、採集からみて難しい問題です。現在、健康食品として利用されている微細藻類のクロレラやスピルリナでは乾物中タンパク質は60%になるものもありますが、海藻は多いもので乾物中35%、低いものでは10%以下です。海藻には脂質が少なく、糖質や繊維などの炭水化物が多く含まれています。また、無機質も多く含まれています。これまでに海藻から多種の生理活性物質が検出されていますが、それらの如何なる成分が有効性を発揮しているかは不明です。魚類は海藻を全く消化できないわけではありません。消化酵素の有無や消化能とは無関係に、現在では家畜や魚類にわずかな量の藻類を配合飼料に添加することで様々な有効な結果が得られています。これまでに報告されている藻類の有効成分を後述します。

養魚飼料に藻類を投与して健全性への効果を評価した研究は、海外では一切行われていません。飼料試験は成長、生残率、飼料効率を指標として行うのが一般で、魚の健全性を評価することについて行われた研究は国内のみです。

微細藻類の利用には大量培養の必要があり、相当のコストがかかります。海藻は再生可能な程度の採取に限り、海藻の乾燥、粉砕などの過程が必要です。現在、配合飼料のサプリメントとして、世界各地で様々な海藻が利用されています。以下に、養殖魚の飼料に藻類を添加して得た結果を紹介します。

5-2　クロダイ（写真5-1）

雑食性のクロダイは釣り人には絶好の対象魚として評判が高く、釣り餌にウドン、海藻などを使っても釣れる雑食性の魚です。クロダイの種苗生産は東京大学水産実験所で始まり、その後広島大学水産増殖学研究室に赴任された故笠原正五郎名誉教授が若い頃に手掛けられました。笠原先生が東大水産実験所時代、数十尾のクロダイ稚魚の生産まで漕ぎつけましたが、「この程度では恥ずかしくて公表できない」と公表はされなかったのですが、噂を聞きつけた研究者がこっそりと見学に来られ、仕方なしにお見せした、とのエピソードを耳にしました。その点では今なお研究室で継続しているクロダイ研究は水産増殖学研究室の伝統と言えるでしょう。現在は海野徹也教授がクロダイ研究を引き継ぎ、様々な観点から解説した書物「クロダイの生物学とチヌの釣魚学」と題した書を著わしています。

写真5-1　クロダイ *Acanthopagrus schlegeli*

岡山県ではクロダイの漁獲量が多く、クロダイの養殖に関して岡山県栽培漁業センター（現岡山県農林水産総合センター水産研究所）と共同研究を行いました。天然クロダイが海藻を摂餌しているからとの理由で、飼料にアオサ粉末を与えて有効性を見ようなど、荒唐無稽な研究テーマについての共同研究の申し出でを受け入れていただいたセンター長や担当の共同研究者に感謝しています。アオサ粉末を5%まぶした配合飼料を調製して飼育を依頼しました。アオサの硬い細胞壁がクロダイの消化管でどのように消化吸収されるのか疑問に思い、アオサ粉末を与えたクロダイの排泄物を光学顕微鏡で観察したところ、アオサの細胞の中身の緑色が抜けたように見えました（写真5-2）。自然界で当たり前に摂餌している海藻の細胞壁の硬さは魚には問題はなく、それなりに栄養素として利用していると解釈して実験を進めました。消化酵素の有無で食材の栄養価値を判断しがちですが、クロダイの貧弱な消化器官の消化酵素で細胞壁が磨り潰されて栄養成分が利用されているとは思えません。また、淡水魚の草魚の消化管にはセルラーゼはなく、消化管は環境の細菌叢を反映して、魚に特有の細菌は存在しないとされています。

アオサ乾燥粉末に含まれるタンパク質は10%以下と低いため、アオサを多く添加すると、飼料のタンパク質量は下がりますが、飼育成績に差は生じませんでした。アオサの投与により、筋肉の脂質は2倍以上に上昇しましたが、タンパク質量には変化はありませんでした。瀬戸内海は冬季の水温が低いため、魚の代謝が低下して食欲も低下します。アオサ添加飼料を与えた魚を越冬させたところ体重減少率が少ないことが判り

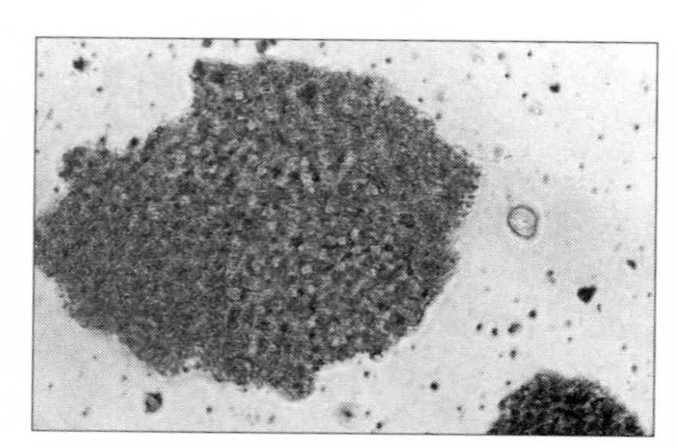
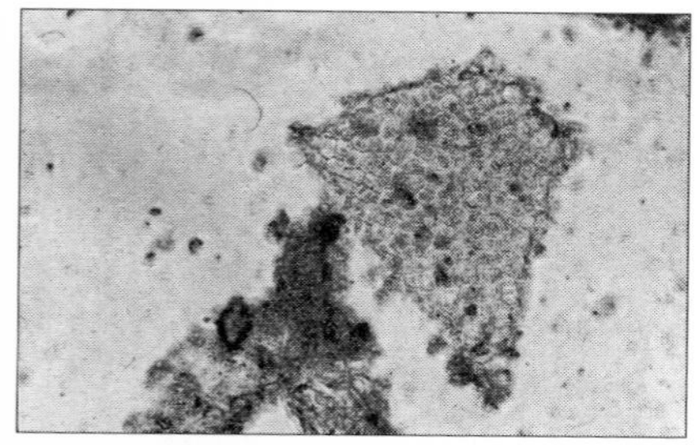

写真5-2　アオサ粉末とクロダイの排泄物の光学顕微鏡写真

ました。この理由を証明するため、魚体成分の分析結果では、アオサを与えた魚では絶食中に必要なエネルギーを体内の脂質から動員し、筋肉タンパク質の絶食中の消費が抑制されるような代謝をしていることが判りました（図5-1）。重量当たりの脂質のエネルギー量はタンパク質のそれより高いため脂質が消費されても重量の減少は大きくはありません。また、絶食によって死亡することもありません。アオサの添加は魚が有する本来の能力として、脂質を優先的にエネルギーに動員させるような代謝機能を発揮させるものと判断しました。当初、蓄積脂質が増えたことに疑問を持ちましたが、この蓄積した脂質は絶食で優先的にエネルギーとして消費されることが判りました。さらに、アオサ投与魚の筋肉の脂質クラス組成や脂肪酸などを分析したところ、組成が対照区とは異なることにより、脂質のエネルギーへの転換が活性化されているのではないかと考えました。この消費しやすい脂質が食味に何らかのプラスの効果があったかもしれません。

アオサの添加量はどの程度がいいのか、添加量を変えて試験してみま

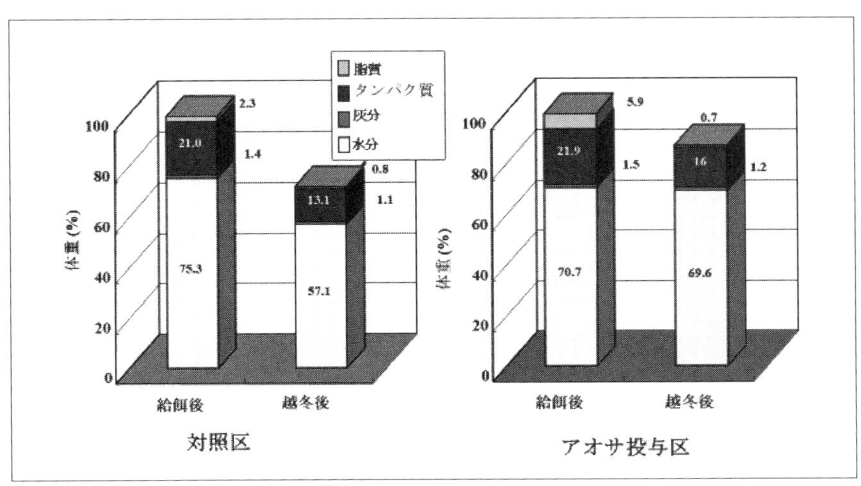

図5-1　アオサ投与がクロダイの越冬後の体重と筋肉成分の変化に及ぼす影響（Nakagawa他、1993を改変）

した。図5-2に示すように、アオサの添加量と飼料効率、越冬後の体重減少率は5%のアオサ添加で最も効果が高く、続いて2.5%が高い値を示しました。ヒラメの成長、飼料効率、比肝臓重量を指標にした至適アオサ添加量では2%が最適との報告があります（Xu他、1993）。実際、藻類を大量に与えることは採算性からも難しく、飼料会社が工夫を凝らした結果、少ない添加量でも有効であることが判りましたので、現在市販の配合飼料に海藻は1～2%が添加されています。

給餌試験終了後、体重測定のため魚をバケツに入れている間に、無添加飼料で飼育した対照区の魚は酸欠ですぐに横転しました。しかし、アオサ添加飼料区の魚は正常に泳いでいました。そこで、約25gの当歳クロダイにアオサを配合飼料に添加して143日間飼育し90gまで飼育し、低酸素耐性を比較しました。図5-3に示す通り、顕著な差が見られました。対照区は溶存酸素が残っていたのですが15分程度で横転してしまいました。

魚を空気中に取り出している間に弱って水に戻しても回復する魚としない魚がありました。これを工夫して乾出耐性試験として、一定時間、空

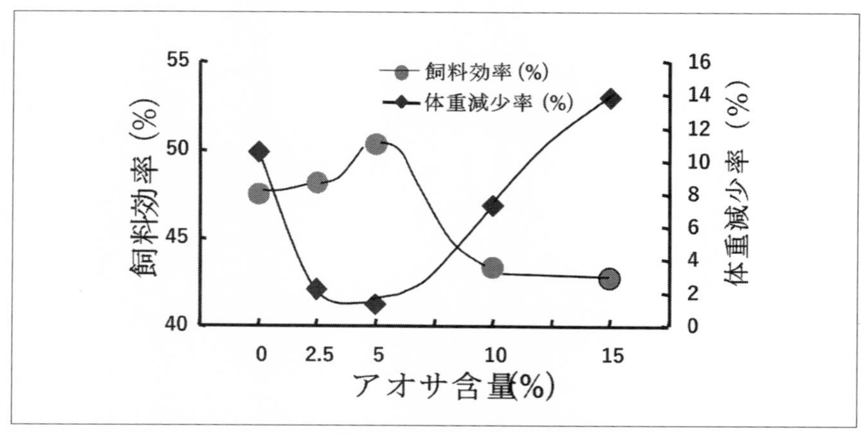

図5-2　アオサ添加量がクロダイの飼料効率と越冬後の体重減少率に及ぼす影響（中川他、1993を改変）

中に露出させた後、バケツに戻した後の回復状況を比較しました。結果は明らかにアオサ添加飼料投与魚が強い耐性を示しました。

ヒトの健康診断で測定する同じ項目、血液のヘマトクリット、ヘモグロビン、血清脂質やタンパク質、血球の浸透圧耐性などを比較してみました。結果はアオサ投与区が幾つかの測定項目で格段に良好な結果を示し、天然環境で摂餌している海藻がそれなりの効果を与えている、との仮説が血液成分の分析からも少し証明できました。

血中にバクテリアが混入すると白血球が食菌します。表5-1にクロダイの食菌作用に及ぼすアオサの投与効果を示します。白血球が食菌した割合を比較したところ、アオサ投与によって白血球が食菌した割合が明らかに高くなりました。この食菌率の向上は抗病性が向上したと考えられます。

飼料試験後、体長10cmに満たない小さな魚ではありましたが、その命を粗末にするには忍びず、自宅に持ち帰って食べることにしました。塩

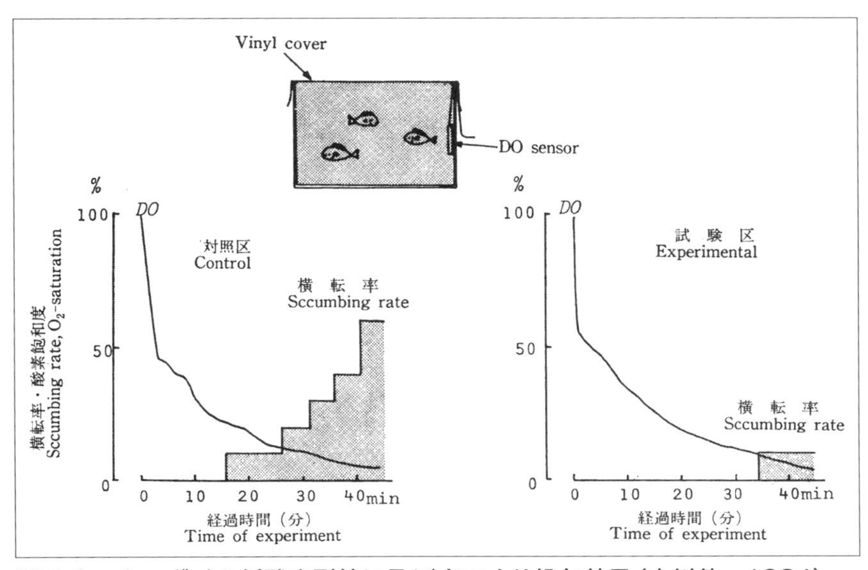

図5-3　クロダイの低酸素耐性に及ぼすアオサ投与効果（中川他、1984）

表5-1　クロダイの食菌作用に及ぼすアオサの投与効果

	対照区	アオサ5%添加区
食菌率（%）		
15分後	44.4	53.6
30分後	60.0	79.0
白血球の平均食菌数		
15分後	3.0	3.0
30分後	3.6	3.7

焼きにして、アオサ粉末添加区と無添加区のクロダイをそれぞれの皿に盛り、食卓に供しました。幼ない2人の子供たちが「こっちが美味しい」と言って一方の皿の魚ばかりを口にしていました。そこで、明らかにアオサ添加区のクロダイの味がいいことに気が付きました。子供の全く忖度のない極く自然な感想からアオサの添加は味にも影響することが判りました。これほど味に差があることに気が付いたのはこれが最初でした。この実験が海水魚で海藻添加効果の有効性を認めた最初の実験になりました。

5-3　マダイ（写真5-3）

マダイはクロダイほどではありませんが消化官にも結構な量の海藻が認められます。網生簀で飼育していると、網に生えた海藻を摂取するため、海藻無添加区を設定しても海藻を食していないとは断言できない程、海藻が好きな魚です。広島県庁水産漁港課の友人から、安芸津町（現在は東広島市）にマダイ養殖

写真5-3　マダイ *Pagrus major*

写真5-4　マダイ養殖場でアカモク投与（広島県安芸津町にて）

用の配合飼料に海藻を練り込んで与えている人がいるとの情報で、養殖場の見学に行きました（写真5-4）。この方は様々なことに挑戦するアイデアマンで、養殖場の近くに生えていたアカモクを刈り取って練り餌に練り込んでいました。それまでは網生簀の近くで行われていた架橋工事や道路の騒音に怯えていたマダイが、アカモクを投与してから落ち着いたとのことでした。現在、天然のアカモクは乾燥して食用として、瀬戸内海沿岸のスーパーマーケットや道の駅などで販売されています。

アオサ投与マダイではクロダイと同様、脂質代謝に関する項目に変化が認められました。蓄積脂質のトリグリセリドに高度不飽和脂肪酸が多く蓄積し、絶食させるとそれが優先的に消費されました。一方、対照区を絶食させても脂肪酸は均等に消費されていました。EPAやDHAなどの必須脂肪酸の脂質代謝への関りを示唆する現象でした。また、アオサ投与では筋肉タンパク質の分解を抑制していることが判りました。北欧の褐藻アスコフィルムや微細藻類スピルリナを配合飼料に添加した場合でも、タンパク質効率や筋肉タンパク質蓄積量が増加しました。

配合飼料へのアオサ添加が飼育成績に効果を示しましたので、三種類の海藻で成長、筋肉比、比肝重量、腹腔内脂肪組織への影響を比較しました（表5-2）。飼育成績は海藻添加によって向上、ノリでは筋肉比、比肝重量に上昇がみられました。この場合はノリ、アオサの投与で腹腔内脂肪組織比が有意に上昇しました。蓄積した脂質がエネルギーとして筋肉タンパク質より優先的に消費されやすい形であれば問題はありません。

表5-2　各種海藻を投与したマダイの形態学的測定値

	対照区	ノリ	アスコフィルム	アオサ
体重（g）	13.2[a]	17.2[b]	14.8[ab]	15.8[b]
体長（mm）	73.9[a]	78.2[b]	76.4[ab]	76.3[ab]
筋肉比（%）	35.2[a]	37.4[b]	35.3[a]	35.2[a]
比肝重量（%）	1.12[a]	1.51[b]	1.07[a]	1.25[a]
IPF*比（%）	0.23[a]	0.51[b]	0.26[a]	0.51[b]

*腹腔内脂肪組織、異なったアルファベット間では有意差あり

表5-3　マダイへの各種藻類添加飼料の筋肉成分への効果
（Mustafa他、1995）

	0才魚				1才魚	
	対照区	ノリ	アスコフィルム	アオサ	対照区	アスコフィルム
増重量（g/魚）	10.9[a]	12.1[ab]	13.3[b]	11.2[ab]		
筋肉比（%）	35.2[a]	37.4[b]	35.3[a]	35.2[a]		
腹腔内脂肪組織比（%）	0.23[a]	0.26[b]	0.51[b]	0.51[b]		
肝臓グリコーゲン	1.39[a]	3.13[ab]	4.95[b]	2.92[ab]		
タンパク質（mg/g）	175	178	172	175	168	174
RNA/DNA比	3.14[a]	4.17[c]	3.25[a]	3.72[b]	2.09	2.12
タンパク質/DNA	4.47[a]	5.03[b]	4.30[a]	5.04[b]	76.5	81.1
酸性プロテアーゼ	—	—	—	—	15.5	7.3*

表5-3に各種の藻類を添加した飼料を投与した魚の筋肉成分に及ぼす効果を示します。海藻の添加によって腹腔内脂肪組織と肝臓グリコーゲンが増加しました。RNA/DNA比が上昇したことでタンパク質の合成活性が促進され、タンパク質の異化作用の指標である酸性プロテアーゼの低下などによってタンパク質の分解抑制が証明できました。Yoneら（1986）によって、マダイへの海藻の添加により栄養素の吸収が促進され、成長が改善されることが報告されています。

2年魚にスピルリナ添加飼料を投与すると、腹腔内脂肪組織量が減少し、筋肉や腹腔内脂肪組織のトリグリセリド蓄積量が減少して天然魚に近い値になりました。これまでの研究から、藻類の効果としてビタミンC#の効果と類似した現象が認められました。茶のカテキンはビタミンCの分解抑制や体内への蓄積を増やすことが知られています。そこで、スピルリナがビタミンCの代謝に関係あるのではないかと考え、茶カテキンの効果と比較してみました。脂質分解能の高さの指標となる筋肉と肝臓で三種のカルニチン（遊離、酸可溶、長鎖アシルカルニチン）を比較しました（図5-4）。筋肉カルニチンには有意の差異はありませんでしたが、肝臓カルニチンでは明らかにカテキンとスピルリナ添加により上昇しました。カルニチンの増加は、脂質のエネルギーへの動員能が高まったと言えます。

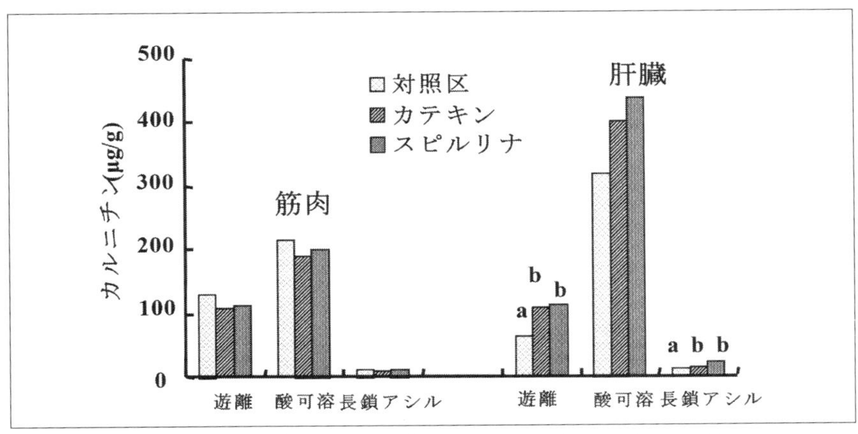

図5-4　マダイの脂質分解能に及ぼすスピルリナとカテキンの効果（Nakagawa他、2000）

#ビタミンCは不安定な水溶性ビタミンでアスコルビン酸を指し、野菜や果物に多く含まれます。多くはありませんが、生魚にも含まれています。作用として鉄やカルシウムなどの無機質の吸収促進、コラーゲンの合成、壊血病予防、活性酸素の除去、脂質の分解に関与しています。

スピルリナ添加飼料で、体表の黒ずみ防止、即ち、メラニン沈着防止に加え、脂っこさが抑制されたとの報告があります。

また、スピルリナとカテキンの添加による脂質代謝に関わる肝臓酵素を測定したところ、脂肪酸のβ酸化を促すグルコース6リン酸デヒドロゲナーズや脂肪酸分解酵素には有意の上昇はありませんでしたが、脂肪酸のβ酸化を促すカルニチンパルミトイルトランスフェラーゼ活性がスピルリナとカテキンの投与で有意に上昇しました。二つの成分の投与によるアミノ酸分解に関わるアルギナーゼ活性は有意ではありませんでしたが低下傾向を示しました。

熊本県の民間養殖場でスピルリナ添加飼料を投与したマダイの飼育試験を行いました。試験後、即殺し1日冷蔵庫に置いて、刺身で食味試験を行いました。漁協の組合長、生産に携わった養殖場のオーナー、料亭の料理長の判定により、スピルリナの効果は肉の感触、食味とも抜群とのことでした。筋肉の感触が良くなるとの食味判定結果に基づき、筋肉コラーゲンを調べてみました。コラーゲンの合成にビタミンCが関わっていることが知られており、また、茶のカテキンはビタミンCの分解を

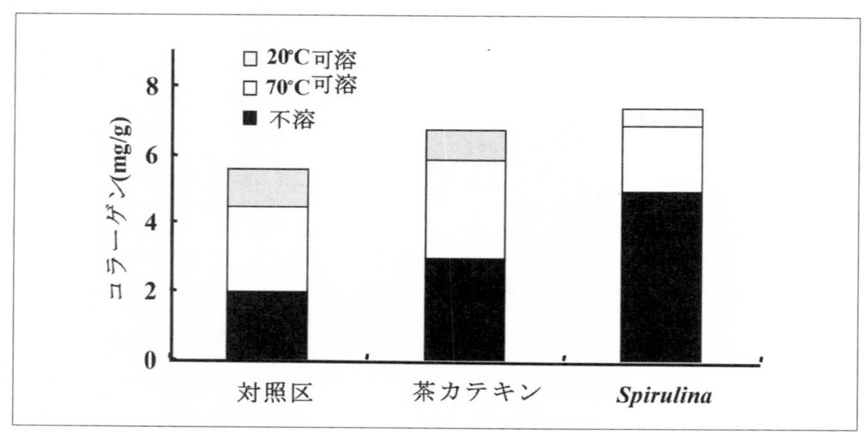

図5-5 マダイ筋肉コラーゲンに及ぼす茶カテキンとスピルリナの投与効果
(異なるアルファベットは有意差を示す。Mustafa他、1993を改変)

防止すると言われているため、カテキンの効果と比較してみました。20℃可溶、70℃可溶、不溶の3種のコラーゲンを比較したところ、茶カテキンとスピルリナが筋肉コラーゲンを増加させることが判りました（図5-5）。筋肉コラーゲン量の増えたことが筋肉の強度に関係したものと考えられます。

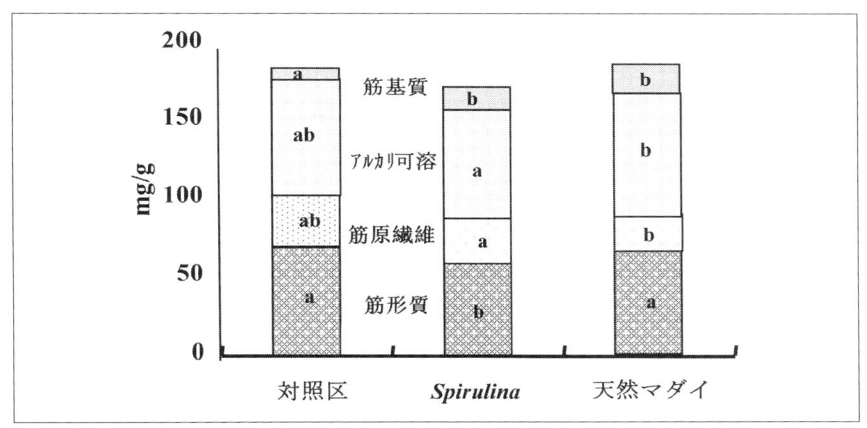

図5-6　マダイ筋肉コラーゲンに及ぼすスピルリナの投与効果（異なるアルファベット間では有意差あり。Nakagawa 他、1994）

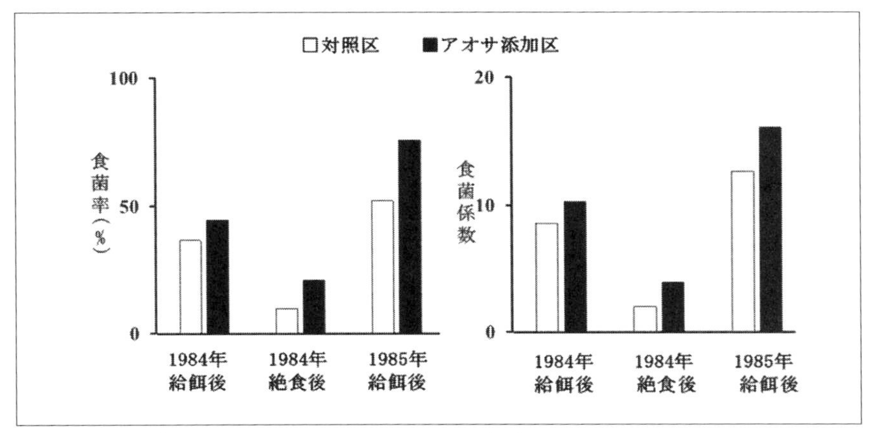

図5-7　マダイ血球の食菌能に及ぼすアオサ投与（5%）効果（Satoh他, 1987）

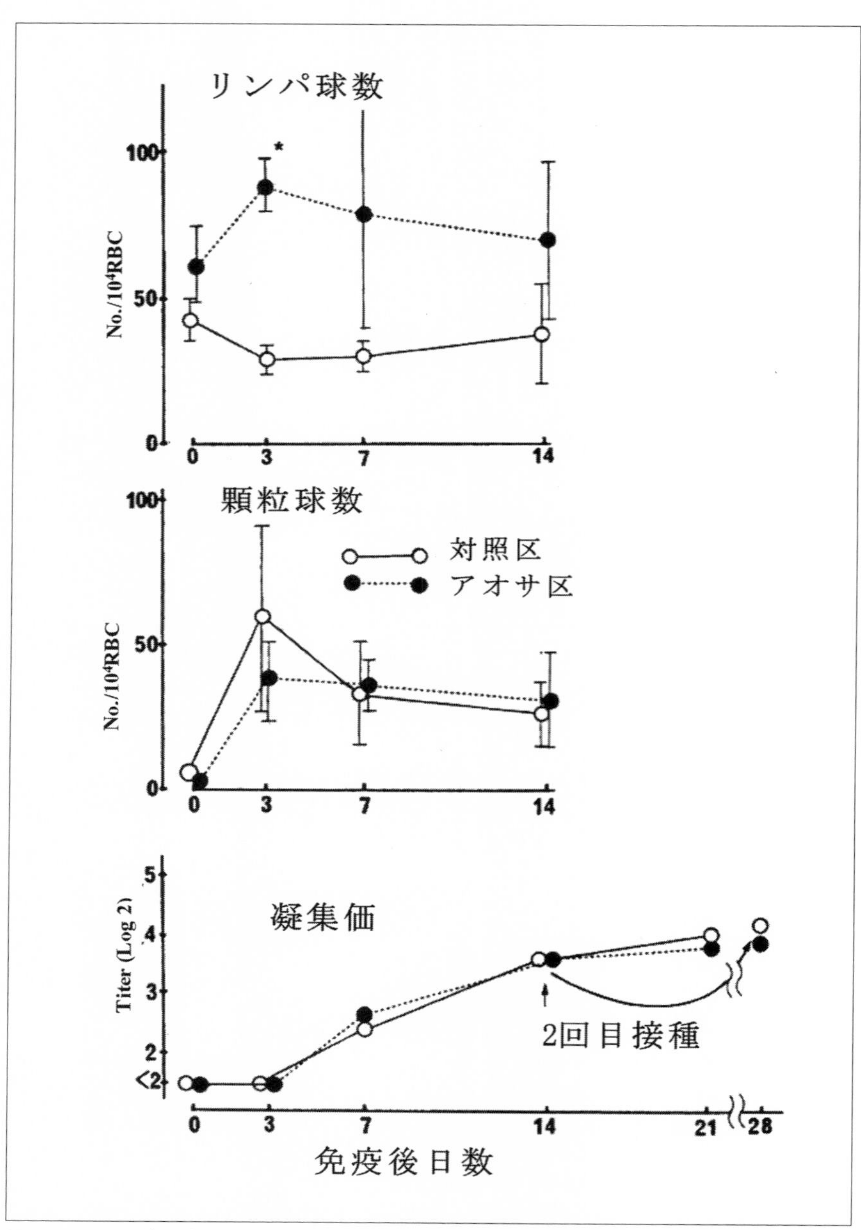

図5-8　マダイ免疫後の白血球数と凝集価に及ぼすアオサ投与効果免疫は *P. piscicida* のホルマリン死菌を腹腔内接種（Satoh他，1987）

図5-6にマダイの筋肉コラーゲンに及ぼすスピルリナ投与効果を示します。スピルリナ投与では筋形質は低下しましたが、筋基質が対照区より高くなり、天然マダイの値に近づきました。

アオサの投与による抗病性に及ぼす効果を調べてみました。感染魚の魚病細菌ビブリオ菌（*Pasteurella piscicida*）を用いて、食菌率（顆粒球の食菌数／顆粒球数）、食菌係数（顆粒球の全食菌数／食菌した顆粒球数）は共に有意に上昇しました（図5-7）。アオサ投与により免疫後の顆粒球に変化はありませんでしたが、リンパ球は増加しました（図5-8）。

ホルマリンで殺したビブリオ菌（*P. piscicida*）を腹腔内注射して免疫した際の凝集価の上昇には変化はなく、ブースター効果（本来ある免疫機能をさらに向上させる効果）を期待して行った2回目の抗原接種にも変化は認められませんでした（図5-9）。ウサギ赤血球に対する補体（SH50）の溶血活性および*E. coli*、*P. piscicida*に対する殺菌能は上昇し

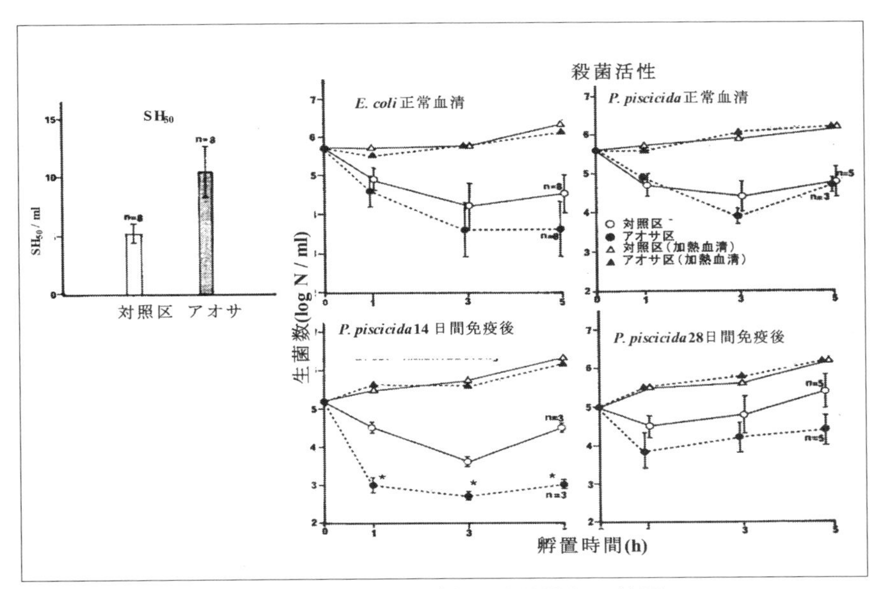

図5-9　マダイ血清の補体活性に及ぼすアオサ投与の効果
(Satoh他, 1987)

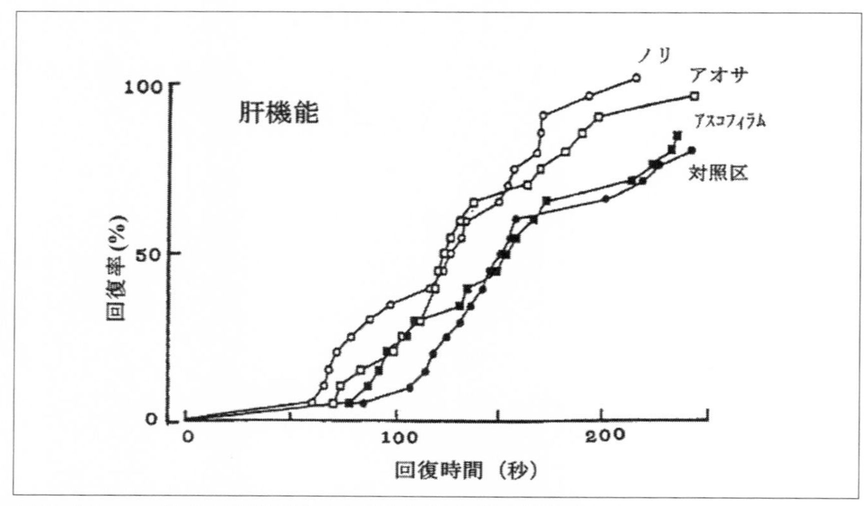

図5-10　マダイの肝機能に及ぼす各種海藻の添加効果
(Nakagawa, 2004)

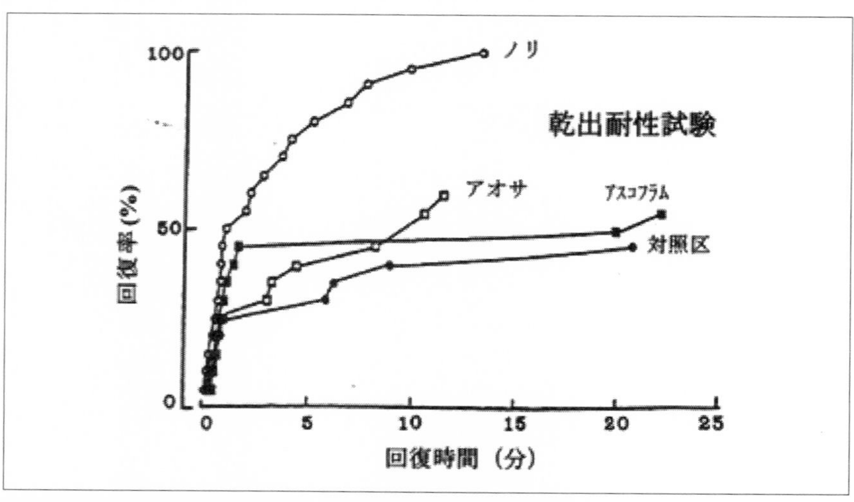

図5-11　マダイの乾出耐性に及ぼす各種海藻の添加効果
(Nakagawa, 2004)

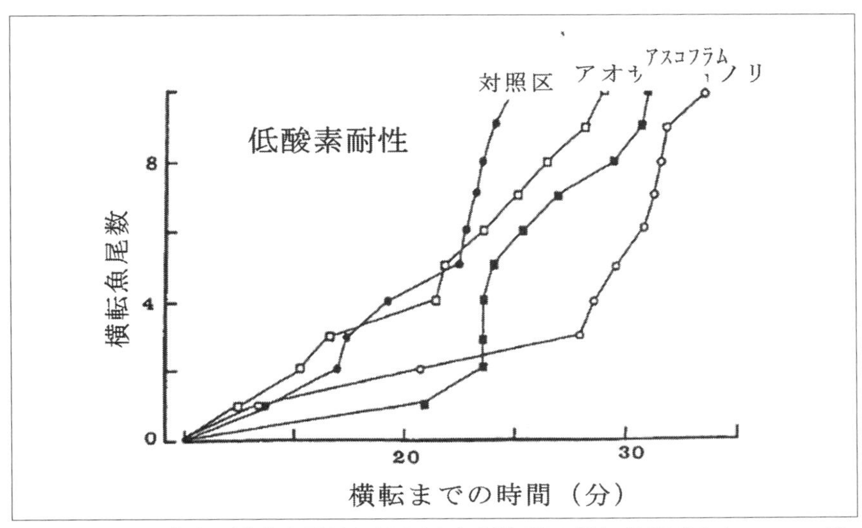

図5-12　マダイの低酸素耐性に及ぼす各種海藻の添加効果（Nakagawa他，2004）

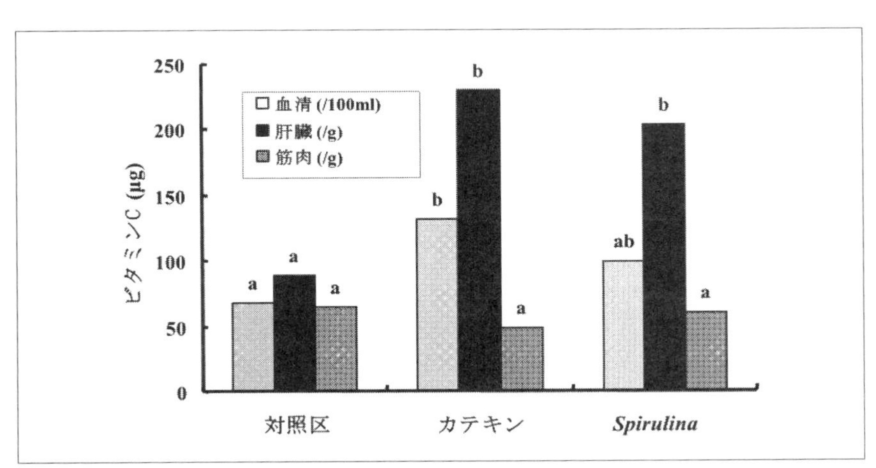

図5-13　マダイ配合飼料へのカテキンとスピルリナ添加が体内ビタミンC量に及ぼす影響（異なるアルファベット間では有意差あり）（Nakagawa他，2000）

ました（図5-9）。*P. piscicida*による感染試験（腹腔内接種、浸漬試験）では抗病性の向上に効果は認められませんでしたが、顆粒球の食菌能や補体活性の上昇などから、細菌感染症に対する抗病性の向上にアオサが作用したものと言えます。以上述べたように測定結果から、藻類の投与で抗病性が向上したと考えられます。

ノリ、アオサ、アスコフィルムの三種の海藻を投与した場合、肝機能検査では図5-10の通り、いずれの海藻も有効との結果を示しました。麻酔剤の排出時間を指標として行った肝機能は海藻投与により高まりました。

海藻投与区の魚は空気中に数分間乾出した後に海水に戻した場合の乾出耐性（図5-11）においても、横転状態から早く回復して泳ぎ始めました。さらに、低酸素耐性試験（図5-12）では海藻を与えない区では溶存酸素がある程度あっても酸欠で横転しましたが、海藻を与えた区では耐性が上がりました。以上の3つの試験から全ての海藻が魚の活性を高めることが明らかになりました。

藻類の添加効果として、コラーゲンの合成促進や貯蔵脂質のエネルギーへの優先的な消費など、ビタミンCを多めに投与した場合と類似の効果が現れました。スピルリナ添加区、ビタミンCの分解抑制と抗酸化に効果があるカテキンを添加した飼料を投与区の血清、肝臓、筋肉のビタミンCを測定したところ、筋肉のビタミンC蓄積量には影響ありませんでしたが、スピルリナ、カテキンにより肝臓のビタミンC蓄積量は増加しました（図5-13）。藻類を添加したことにより、不安定なビタミンCの分解が抑制されたか、もしくは吸収が促進されたものと考えられます。

食用魚ではありませんが、ニシキゴイの飼料にスピルリナ、クロレラ、アオコを添加して色揚げへの有効性をみた研究があります。

5-4　ハマチ、ブリ（写真5-5）

ブリは日本では漁獲地や成長段階によって呼び名が変わりますが、英語では成長段階に関わらず、Yellow tailで通せます。混乱を避けるため、本稿では全てブリとして話を進めます。フランス語でブリの名は、学名に似たSériole（セリオール）でした。

写真5-5　ブリ *Seriola quinqueradiata*

ブリの摂餌生態の論文に、ブリの消化官でみられた海藻は、偶然口に入ったもので、好んで食べたのではなかろう、との解釈がありました。しかし、私の解釈では、何らかの理由があって海藻を食べたと考えて、魚食性のブリでも藻類の投与実験を行いました。

ブリはエネルギーを筋肉に脂質として蓄積する種類の魚です。天然ブリは冬に脂質を貯めて美味となるため、冬が食べ頃となっています。夏の天然ブリは旬ではありませんが、養殖ブリは夏でも脂質が多い点で年中が旬と言えます。天然ブリは美味いとの噂のせいか、夏季の脂の少ないブリをわざわざ購入していた人があると、聞いたことがあります。味の好みは好き好きです。かなり昔の養殖ブリはスカスカの筋肉細胞の間に脂質が貯まった、まるでスポンジに油を染ませたような肉質で「養殖ブリは不味い」と言われる由縁でした。不適切な条件で飼育したブリは脂質をエネルギーに動員できない状態で筋肉内に沈着して残ります。正常な筋肉の脂質は細胞内でエネルギーへ転換しやすい形で存在していると思われますが、悪い肉質では細胞の抜けた部分に脂質が沈着して代謝されない状態で存在していました。

鹿児島大学との共同研究で鹿児島県垂水市の民間養殖場で約80gのブリを用いてクロレラエキス#の添加効果を調べました。対照区にはサバとマイワシのミンチ、試験区にはこれに0.3%のクロレラエキスを添加して178日間飼育しました。活動の活発なブリやマグロは漁獲時や取り上げ時の興奮で狂奔して血中のヘモグロビンの酸素結合能が低下して体内が酸欠状態になって死に至ります。その際、ヘマトクリット値や血糖値が急激に上昇しますが、クロレラエキスを与えると、このような興奮現象が緩和されて、ヘマトクリット値の急上昇が抑制されました。取り扱いで生じる負荷に対する耐性が向上したと考えています（図5-14）。血清成分の性状や筋肉成分の分析結果からクロレラエキスは血清酸化脂質を低下させるなど脂質代謝へ何らかの好影響のあることが示唆されました。

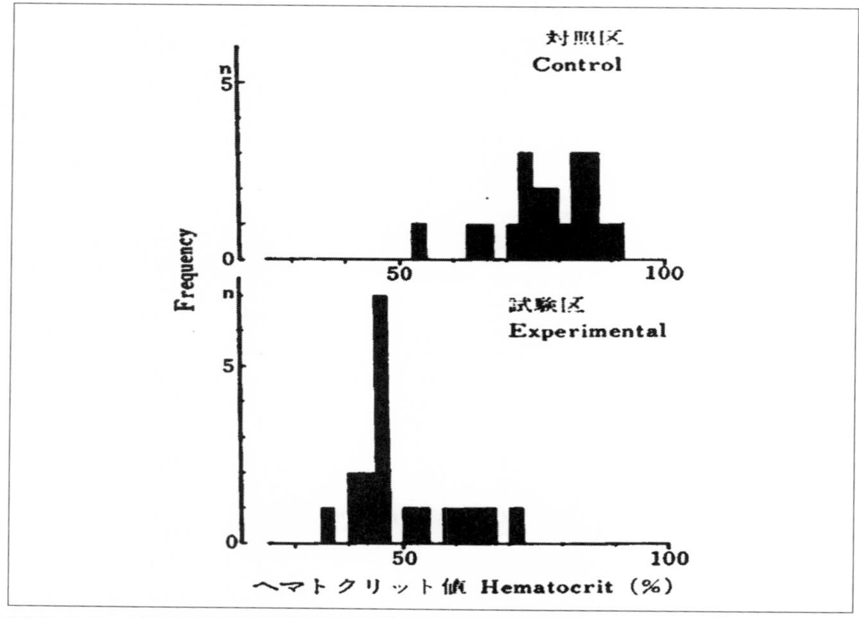

図5-14　ブリの取り上げ時の負荷に対するクロレラエキスの効果（中川他、1982）対照区は負荷によるヘマトクリット値の上昇が顕著

続いて同様の試験を近畿大学水産研究所浦神実験場の熊井英水教授の厚意で140gのブリを用いて、イカナゴと粉末飼料の混合飼料にクロレラエキス（1%）、コンブ粉末（0.5%）それぞれを添加して効果を比較しました。前の実験から脂質代謝への影響がみられたため、この実験で飼育後に絶食試験を行い、体成分の変化を調べました。コンブ粉末の添加で筋肉のタンパク質量には変化はありませんが、筋肉脂質は有意に増加しました。その後23日間絶食させて筋肉成分の変化を調べた結果、コンブ投与区のみ水分の減少、タンパク質の有意な上昇に加え、わずかな脂質の減少が認められました。この結果から、コンブの投与によりエネルギーを脂質から動員し、筋肉タンパク質の消費を抑制していることが判りました（表5-4）。

16gのブリ幼魚を用い、対照区にはイカナゴと配合飼料の混合物を与え、試験区にはクロレラエキスを1%添加して網生簀で40日間飼育しました。前の実験で魚の取扱に対する感受性に差が認められましたので、今度は、人為的に魚を空気中に放置して耐性を調べる、乾出耐性を比較しました。血液成分の結果から、乾出耐性の向上にクロレラエキスが有効であることが明らかになりました。

表5-4　クロレラエキス、コンブ粉末添加飼料投与ブリの絶食前後の筋肉成分

		水分（%）	灰分（%）	粗タンパク質（%）	脂質（%）
対照区	給餌後	74.4	1.4	22.6	1.6
	絶食後	76.8	1.5	20.8	0.9
クロレラエキス（1%添加）	給餌後	74.8	1.4	22.1	1.7
	絶食後	76.2	1.5	21.3	1.0
コンブ粉末（0.5%添加）	給餌後	73.0	1.4	22.9	2.0
	絶食後	75.7*	1.5	22.0*	0.8

*絶食後の対照区と有意差あり（中川他、1985を改変）

近畿大学水産研究所浦神実験場において、栄養性疾病の予防に関する試験を行いました。過去に、ブリにマイワシやカタクチイワシを投与すると栄養性疾病が生じました。イカナゴを餌にしても異状はありませんが、カタクチイワシを投与すると、そこに含まれるビタミンB_1分解酵素によりブリがビタミンB_1不足となる栄養性疾病が生じました。また、マイワシを与えても病気が発生し、両者とも食味は著しく低下しました。マイワシ投与による病気の原因もビタミンB_1不足が原因とされていましたが、同水産研究所で行った実験では両者の投与により発生した病気には全く異なる症状が観察されました。そこで、ブリ幼魚の飼料としてのマイワシと共に0.5%のワカメ粉末を混合して与えると病気はぴたりと止みました（図5-15）。さらにそれにビタミン混合物を混ぜると、成長や生残率にはイカナゴを与えた区と差がなくなりました。食味もイカナゴを与えた場合と同様になりました。しかし、実験が終了した当時、既にマイワシやカタクチイワシを生餌として投与する時代ではなくなっていたため、ワカメを添加する意味はなくなりましたが、海藻がこのような効果を発揮するとは思いもよりませんでした。

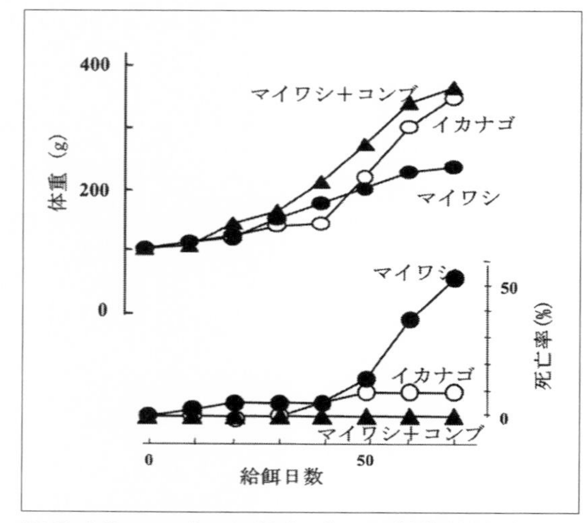

図5-15　マイワシ投与ブリの栄養性疾病に及ぼすコンブ（0.5%）の効果
（中川他、1986）

5-5　アイゴ（*Siganus fuscescens*）

概して、藻食性魚は漁獲後直ちに内臓を除去しないと臭くなります。アイゴは背鰭と臀鰭に毒の棘をもつ藻食性の海産魚で、最近は鮮魚売り場で見かけることはありませんが、以前は鮮魚店が食べ方を説明して販売していた一般的な魚種でした。一説には、漁獲しなくなったためアイゴが増えて、海藻を食べ尽くし、磯枯れの原因になっているのではないか、との話を聞きました。近畿大学水産研究所の熊井英水教授からアイゴの稚魚が獲れたので飼料試験をしてはどうかとの連絡があり、和歌山県浦神まで出かけてコンブ粉末（1、5、10%）を添加して有効性を見る共同研究をすることになりました。飼育と飼育成績の評価は浦神実験場が担当し、我々の研究室は体成分の分析を担当しました。コンブの添加により血漿の総脂質、内臓、筋肉の脂質の蓄積が増加することを認めましたので脂質代謝に何らかの影響があるものと見られます。本来、藻食魚には海藻を与えるのが当然ですが、海藻で飼育するためにはあまりにも大量の海藻が必要になり、その点で養殖は困難です。飼育試験後、アイゴは直ちに内臓を除き、塩を振り一夜干しにしたところ、臭みもなく、調理次第でうまく食べられることを確認しました。

5-6　アユ（写真5-6）

クロレラエキスはヒトの健康食品として販売されています。クロレラエキスの会社から、魚への投与効果を調べてもらえないかとの申し出でがありました。自然界のアユがクロレラを摂餌することはありませんが、付着藻類を摂餌するにも関わらず植物成分のない配合飼料にクロレラエキスを添加するのも面白いか、と考えました。しかし、大学内にはアユを飼育する大型水槽がなかったため、クロレラエキスの会社から和歌山県内水面漁業センター（現和歌山県内水面試験地）に連絡を取ってもらい、共同研究をすることになりました。クロレラエキス1％を顆粒状の配合飼料に噴霧しました。当初、飼料に噴霧したクロレラエキスが飼育水に溶け出すのではないかとの懸念がありましたが、杞憂でした。図5-16に養殖アユにクロレラエキスを添加した飼料を与えたアユの脂質含有量を示します。クロレラエキスを投与すると明らかに筋肉、肝臓、腹腔内の脂肪が減少して天然アユの値に近くなりました。ただし、フィードオイルを増やすとこのクロレラエキスの効果はなくなりました。

写真5-6　アユ *Plecogrosus altivelis*

血液性状の測定結果では血清脂質と血清酸化脂質がクロレラエキスによって減少しました。クロレラエキスによって血清脂質の減少、脂質蓄積量の減少は脂質代謝に影響を及ぼしていることを示しています。

給餌試験後、絶食させて体重の減少率を比較したところ、クロレラエ

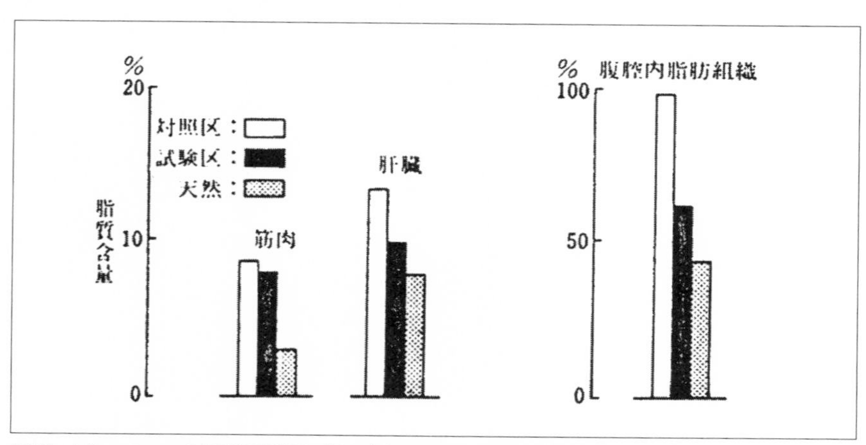

図5-16　アユの脂質蓄積に及ぼすクロレラエキスの投与効果
（Nematipour他、1987）

キスが絶食中の体重減少を抑制することが判りました（図5-17）。この絶食による体重減少の抑制は体成分分析から、蓄積脂質が優先的にエネルギーとして消費されたためであることが明らかになりました。この現象を*in vitro*（試験管レベル）で比較するため、アユの脂肪組織の切片を脂質を動員させるホルモンと共に培養液の入った試験管に入れ、培養液中に遊離した脂肪酸量を測定しました。クロレラエキスを投与によって給餌試験後、全てのホルモンの添加によって、遊離した脂肪酸の量が高くなりました。その後、絶食させて、同様の試験を行った結果ではクロレラエキス投与アユでは、アドレナリンを除き、遊離した脂肪酸が高い値を示しました（図5-18）。この結果から、クロレラエキスの投与が蓄積脂質のエネルギーへの動員を促す作用のあることが試験管

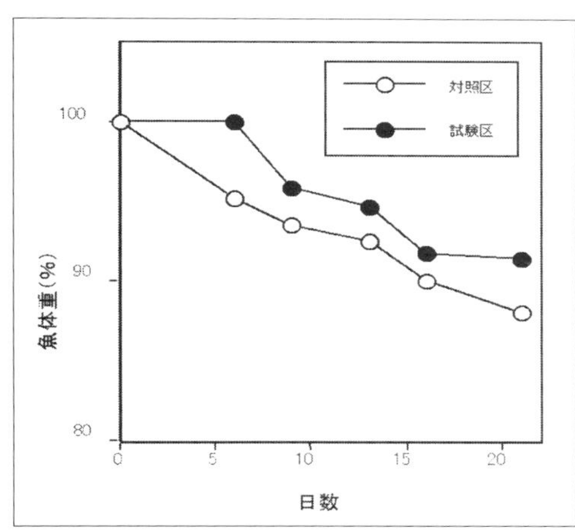

図5-17　アユ絶食時の体重減少に及ぼすクロレラエキスの効果（中川他、1984）

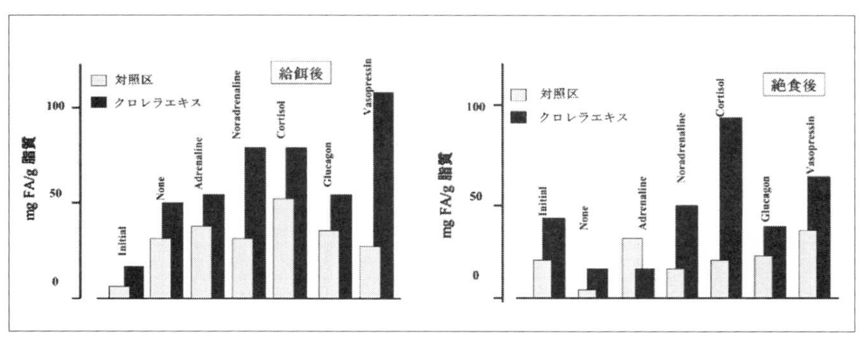

図5-18　クロレラエキス投与アユの脂肪組織の*in vitro*での遊離脂肪酸量に及ぼすホルモンの影響（Nematipour他、1990）

レベルの実験からも証明できました。

クロレラエキスの有効性に関する論文を読んだスピルリナ#の生産会社から同様の飼料試験をアユで行ってほしいとの依頼があり、熊本県水産研究センターと共同で試験を行いました。しかし、スピルリナ添加飼料の投与結果はこれまでのマダイの結果とは真逆で、成長には効果がありましたが、筋肉、肝臓、腹腔内脂肪の量は減少しました。しかも、肝機能や低酸素耐性では期待とは逆に、明らかに低下しました。ヒトではスピルリナを摂取して幾つかの有害作用が報告されています。その有害作用には消化器障害、アレルギー、筋肉の損傷、肝障害などがあります。このこととアユへの投与による弊害と共通する現象か否かは明らかではありません。一般に、研究論文では成功した結果だけ発表されるのが常で、失敗は闇に葬られています。そのため、他の研究者が同じ失敗を繰り返す危険があります。これまで、様々な魚種に与えて藻類の有効性を認めてきましたが、唯一、アユへのスピルリナ投与で評価項目の一部に悪影響が認められましたのでスピルリナ投与だけは推奨できません。それ故、敢えてアユへのスピルリナ投与による弊害を論文にしました。

魚類は一般に糖尿病的代謝をしているため、インシュリン分泌が貧弱で、血糖値の変化やインシュリンの分泌が速やかではありません。アユにブドウ糖カプセルを強制投与してクロレラエキスの効果を見ました。両区共、血糖値が4時間経って最高になり、その後クロレラエキス投与区の血糖値は低下し始めましたが、対照区の血糖値の低下は遅れました。血清インシュリンの分泌はクロレラエキス投与区では6時間後に最高に達しましたが、対照区は8時間後に上昇しました。クロレラエキスの投与は膵臓機能を促進する傾向を示しました。

自然環境で縄張りを張って生きているアユを養殖のため狭い水槽で多数飼育することは社会的ストレッサーとなり、写真5-7のようにチョウチン病と呼ばれる背部に炎症を起こします。この病気にかかってフラフラと泳ぐ姿がチョウチン行列のように見えるため名付けられたと言われています。養殖現場では症状が発生すると飼育密度を減らすことで解消できますが、実験ではそのままの状態で放置して本病で死ぬ状況を比較しました。図5-19のように、クロレラエキスの効果は抜群で、チョウチン病で死ぬアユは劇的に減りました。アユの社会的ストレスの緩和に有効性が認められました。

写真5-7　アユのチョウチン病

アユをビブリオ菌（*Vibrio anguillarum*）に接触させてビブリオ病を発生させ、病気による死亡率に及ぼすクロレラエキスの投与効果を調べました。薬品ではないので、劇的な病気からの回復とは異なりますが、図5-20のようにクロレラエキス投与したアユで死亡が抑制されました。

2回行った白血球数に及ぼすクロレラエキス2%を添加した結果を表5-5に示します。リンパ球数が有意に上昇したことからも病原菌への抵抗力が高まったことが判ります。

図5-21にアユの消化官の性状を示します。一般に藻類食魚類は消化、吸収のために長い腸管を有しています。しかし、アユの腸管は藻食魚としては例外的に短く、胃、幽門膵（脂質の消化に関係すると考えられています）、それに直線状の腸だけです。現在、アユ養殖にはタンパク質の豊富な配合飼料が給餌されています。養殖アユの消化管内の飼料の量は天然環境のアユが摂取した微細藻類の量の4分の1程度でした。養殖アユの腸管の長さを比腸管長（腸管長／体長）で表すと、養殖アユの腸は天然環境のアユのそれより有意に短いことが判ります。これはタンパク質が豊富で軟かい配合飼料に慣れた結果、成長に伴って腸管を伸張させる

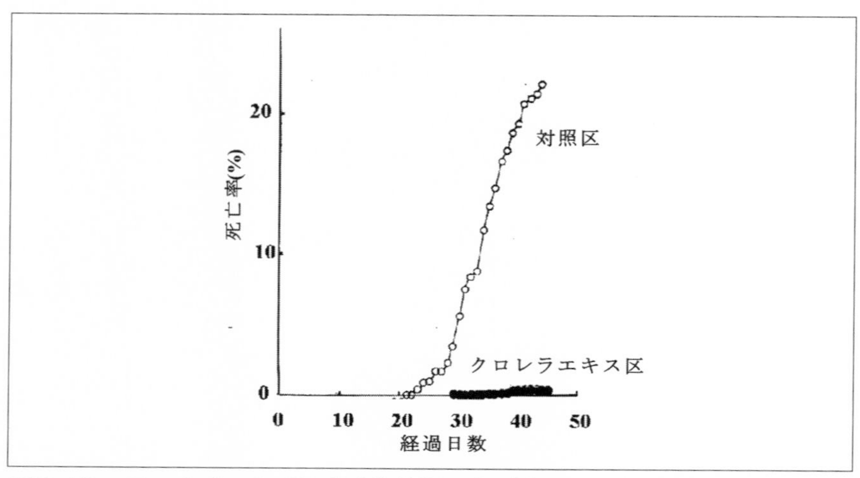

図5-19　アユのチョウチン病発生抑制に及ぼすクロレラエキスの効果（中川他、1981）

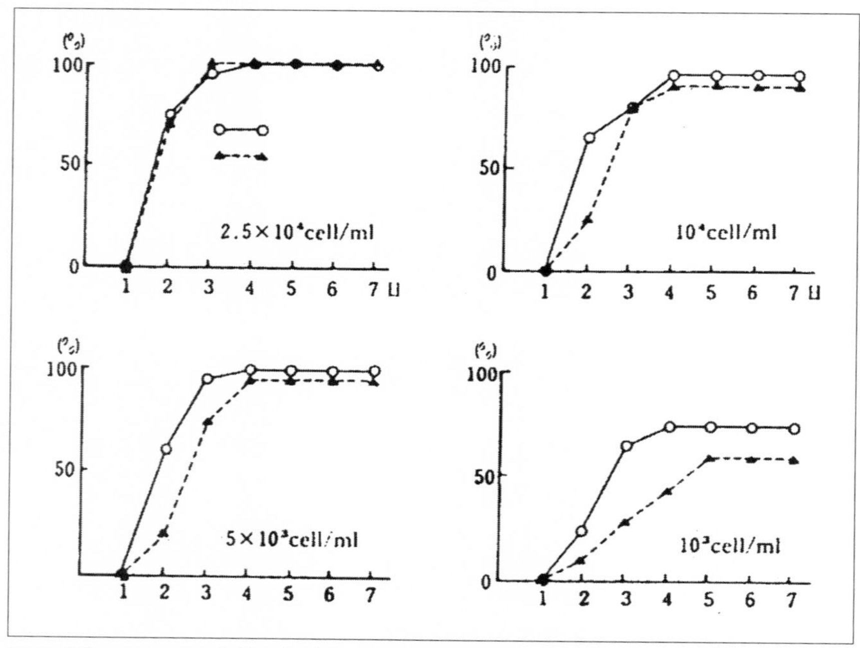

図5-20　アユのビブリオ菌（*V. anguillarum*）攻撃後の生残に及ぼすクロレラエキスの効果（中川他、1981）

表5-5　アユの白血球に及ぼすクロレラエキスの効果

白血球数（/104 赤血球）		対照区	試験区
実験1	リンパ球	22.7	36.9*
	顆粒球	36.0	32.0
実験2	リンパ球	10.0	26.6*
	顆粒球	10.2	10.0

*対照区に対し有意差あり（佐藤他）

必要がなかったために生じた現象と考えられます。また、天然アユの腸管壁は硬い藻類の栄養素を吸収するため厚いのですが、養殖アユではかなり薄くなっていました。

天然アユのキュウリのような特有の香りで河川でアユの存在を感知するベテラン釣り師もいると聞きました。クロレラエキスを添加してもアユの臭いは出ません。宮地伝三郎著の「アユの話」の中に、アオサやクローバーの裏ごししたものを練り餌に混ぜるといくらか臭いに効果があったとの記載がありました。我々の研究室では香気成分の分析まで研究を広げることができなかったため、安易な方法として、天然アユの香気成分を合成してもらい、飼料に添加すると養殖アユで香りが出るのかと

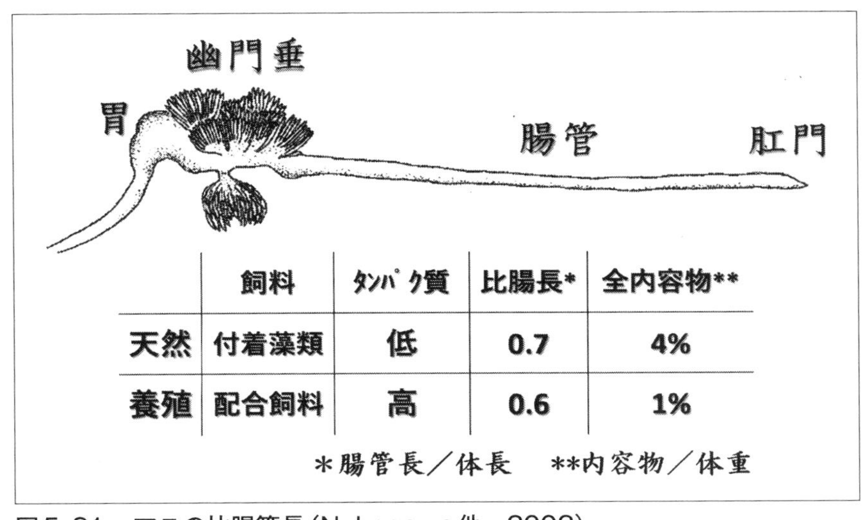

	飼料	ﾀﾝﾊﾟｸ質	比腸長*	全内容物**
天然	付着藻類	低	0.7	4%
養殖	配合飼料	高	0.6	1%

*腸管長／体長　**内容物／体重

図5-21　アユの比腸管長（Nakagawa他、2002）

考えました。しかし、同じことを考えて失敗したとの研究者の話を聞き計画を中止し、一年を棒に振る失敗をせずに済みました。学会の懇親会などで語られる雑談には、闇に葬った研究の失敗談があります。失敗談は貴重な情報です。情報を得てなかったため、40年前に既に失敗したり、実用化に至らなかった研究と同じ内容で研究費が申請されていた例がありました。

アユの養殖に関する研究では給餌頻度、水槽の適正な水流速度なども求めました。結果は留学生の業績とするため敢えて英語論文としました。アユの論文を英語で発表したことに国内から「日本の魚だから、論文は日本語で書いてくださいよ」との要望がありました。私たちが行った研究の全ては和文でも解説書に発表していました。英語論文が多かったため、世界の研究者の目に留まり、米国から出版された“Encyclopedia of Aquaculture”（水産増殖百科事典）のアユ養殖の項の執筆を依頼されました。長野県佐久市でのアユの講演の後、あるアユ養殖場を見学させていただきました。そこでは、私たちが行った研究結果のクロレラエキスの添加、飼育水の流速、給餌頻度などが採用されているのに驚いたことがありました。

海外でもアユ養殖が始まったと言われています。分類学的に同種であるかは不確かではありますが、留学生からの情報で、韓国、中国、ベトナム山間部にも生息するとの情報がありました。

第 6 章

藻類は何故有効なのか？

家畜に海藻を与えた記録がありますが、海藻の家畜での消化率は概して低いと言われています。牛では成長、食欲更新、泌乳量、肉質、被毛の光沢に効果があるようです。海藻のヨウ素も有効とされていますが、海藻粉末はいざ商業ベースで利用するには高価であるため、大量の使用には限度があろうかと思います。採算性を考慮する必要のないペットフードへの添加は有効でしょう。養殖魚へのわずかな量の藻類を投与すると、何故、健全性の向上に有効であるのかを考察するため、様々なサプリメントの効果と比較してみました。

ある分析化学者から藻類の魚類への投与効果について「有効成分の構造は？」「成分を同定したのか？」などの批判がありました。サプリメントの有効成分は単一の化合物ではなく、様々な混合物が共存して相乗効果を発揮する、漢方薬的な作用と考えていますが、理解されませんでした。また、学生の学位論文として提出した「アユに対するクロレラエキスの有効性に関する研究」の報告会で、物理系の教員から「有効成分が同定されていない内容は学位論文に相当しない」との的外れの意見が出ました。本研究は有効成分の同定が目的ではなく、有効性の指標をアユの健全性や代謝で認めた実験でした。過去に、魚の健全性に関する研究はこれまで例がなく、この研究の斬新性が容易に理解されなかったためと思います。ある研究機関でクロレラエキスの有効成分検出のため成分を分画しても、どの画分にも有効性は認められず、それらの画分を合わせると効果があった、という話を聞きました。このような結果は正式な論文としては一切報告されません。我々の研究室でエタノール抽出したアオサエキスをマダイの飼料に添加したところ、筋肉タンパク質の増加や血液性状に変化が現れましたが、アオサ粉末の添加効果に匹敵する程ではありませんでした。魚類の貧弱な消化組織でもそれなりに海藻成分が利用されていることから、成分の吸収には消化酵素云々より、腸管上皮細胞、飲食細胞の機能も無視できません。

藻類の添加効果を理解するため、他のサプリメントの効果と比較してみました。添加した成分は自然環境で魚が摂餌している甲殻類のキチン、海藻のポリフェノールに類似した成分の代わりに入手が容易な茶カテキンです。さらに、養殖魚のビタミンＣや必須脂肪酸のEPA、DHAの蓄積量は明らかに天然魚より低いため、それらを強化して、藻類添加の有効性と比較してみました。

キチン：

天然海産魚の消化管内容物を見ると海藻の他に甲殻類のキチンもありました。甲殻類は重要な魚の餌料で、キチンを配合飼料に添加して効果を調べました。昔から、「エビの尻尾を食べると中毒しない」との言い伝えがありました。根拠、真偽は明らかではありません。天然クロダイの消化管内容物のキチン含量の測定結果を表6-1に示します。体長19㎜の場合は湿重量で3.6％、95㎜の魚では1.2％が含まれており、稚魚期や幼魚期に甲殻類を多く摂餌している傾向が認められました。キチンの有効

表6-1　天然クロダイ消化管内容物のキチン含量（湿物中）

日齢	n	体長（mm）	キチン（%）
45-55	10	19.2±0.2	3.64±0.27
129-151	11	61.8±0.1	0.70±0.11
187-232	9	94.9±0.2	1.15±0.31

（Om他、2003）

性を藻類の添加と同じ方法で、魚の健全性への有効性試験を行いました。キチンの飼料への添加は成長、飼料効率、生残率などの飼育成績を向上させ、解剖学的測定項目では腹腔内脂肪組織の減少や脂肪細胞の縮小、筋肉タンパク質の増加、腸管長の伸長、絶食による死亡率の抑制や絶食期間中の脂質の著しい減少を認めました。また、乾出耐性の向上も認められました。キチンの投与でも藻類を投与した場合と同様の効果が認められました。キチン投与による腸管長の伸長は消化し難い成分を吸収するために生じた現象と思われます。

カテキン：

海藻に含まれるポリフェノールの一種のタンニン様物質が有効性に作用しているのではないか考え、茶の会社から提供された茶のカテキンを配合飼料に投与しました。マダイでは脂質動員能の活性化（図5-4）、ビタミンCの蓄積（図5-13）、筋肉コラーゲンの上昇（図5-5、5-6）などに有効性が認められました。この結果で会社と合同で茶カテキンの飼料サプリメントとして特許を申請しました。

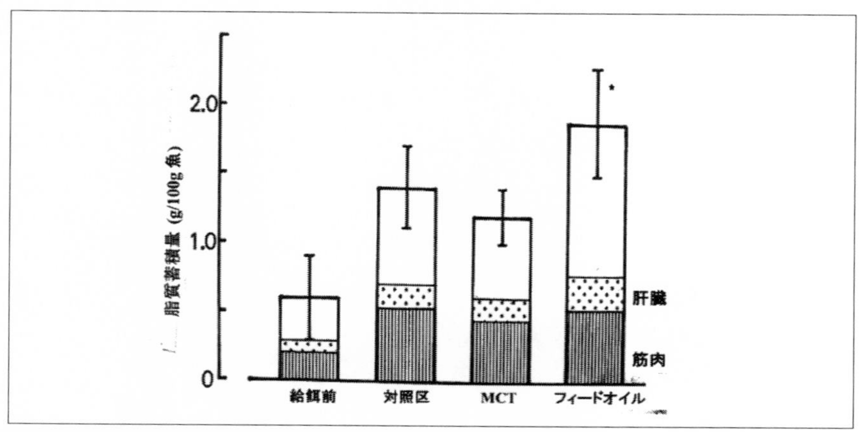

図6-1　ティラピアに対する中鎖トリグリセリド(MCT)とトリグリセリドの投与と脂質蓄積(*有意差有)

中鎖トリグリセリド（MCT）：

中鎖トリグリセリドとは普通に摂取している脂肪酸より炭素数より少ない、炭素数8、10、12の脂肪酸から成るトリグリセリドです。ココナッツオイルに含まれるこの脂質はヒトでは優先的にエネルギーとして消費され体内に蓄積しないため、肥満予防に有効とされています。このMCTを、アユやティラピアにフィードオイルをMCTに置き換えて投与した結果、体内に蓄積する脂肪は減少し、体内からMCTは検出されませんでした（図6-1）。

EPA、DHA：

養殖魚には十分なフィードオイルとして十分な量のEPA、DHAを投与されていますが、体内の蓄積量を調べると、養殖魚の値は天然魚には及びませんでした。EPA、DHAの吸収、蓄積に問題があるのか、それとも消費量が高いために生じた現象かは明らかではありません。現在与えている量以上を与えることは採算性から見て現実的ではありませんが、実験的に、強化すると活力など、思った通りの良好な結果が得られました。

ビタミンC（アスコルビン酸）：

藻類を添加した飼料を与えた結果はビタミンCを強化した際の効果に近い効果が認められました。天然魚と養殖魚のビタミンCを比較したところ、予想通り、養殖魚では低い値が出ました。配合飼料にはビタミンCは添加されていますが、吸収が不十分であるためか、蓄積量は有意に低い値を示しました。写真6-1はマダイの腹腔内の脂肪細胞の大きさを示したもので、ビタミンCを強化した区では有意に脂肪細胞が小さくなりました。

ビタミンCの強化と藻類投与の効果を比較してみました。ビタミンC

（アスコルビン酸カルシウム）の強化で次の効果が認められています。それらは、脂質過剰蓄積緩和による肥満防止、ストレス耐性の向上、鉄の吸収促進、筋肉コラーゲンの蓄積による肉質改善、過酸化物の除去、ビタミンEの分解抑制、重金属毒性の緩和、抗病性向上です。魚への藻類添加の際と類似の効果も認められました。

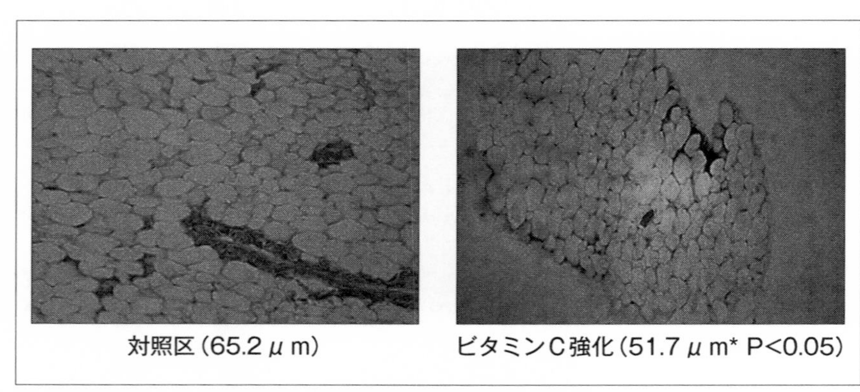

写真6-1　マダイの腹腔内脂肪細胞のサイズに及ぼすビタミンC投与の効果

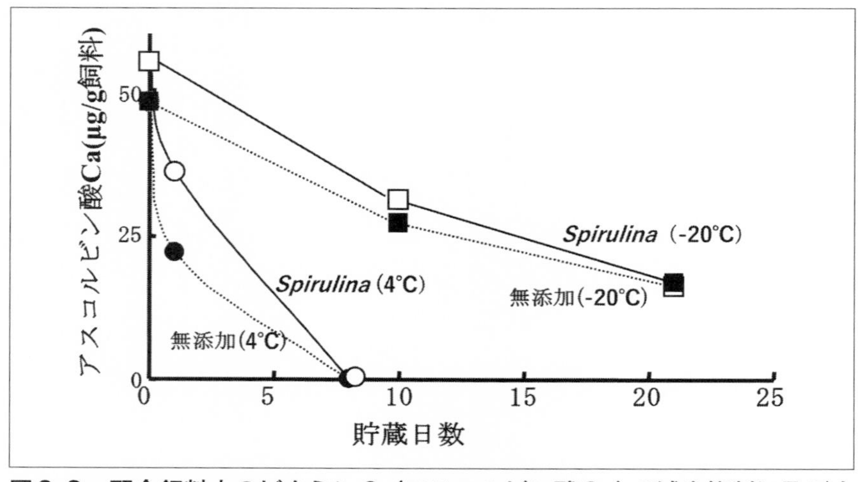

図6-2　配合飼料中のビタミンC（アスコルビン酸Ca）の減少抑制に及ぼすスピルリナの効果

飼料への藻類の添加で過酸化脂質が減少し、ビタミンCを強化しても同様の効果が認められました。過酸化脂質の減少に効果があるのはビタミンEと思われましたが、ビタミンEの強化では有効性は認められませんでした。また、ビタミンCとEの強化は藻類の添加と同様、乾出耐性の向上に効果が認められました。

配合飼料に添加した藻類が飼料中のビタミンCの分解を抑制しているのではないかと考え、スピルリナを添加した飼料のビタミンC量の変化を調べてところ、図6-2に示すように、わずかながら、分解を抑制することが明らかになりました。

以上の結果から、藻類の有効性のメカニズムとしてビタミンC代謝に何らかの影響を及ぼしているのではないかと推察しました。

第 7 章

養魚飼料に添加する藻類

最初に行った給餌試験用の海藻として、海岸の至る所に繁茂しているアオサを用いることにし、研究室のメンバーを動員して、海岸の岩場にアオサ採りに出かけました。海藻は乾燥すると一割以下となるため添加に必要な量を確保するには十倍の量が必要です。アオサは採り放題とはいえ、夏の炎天下で足場の悪い岩場での採集は非効率で、軽い気持ちで挑んだのですが、大変手間のかかる作業でした。ある夏の日の新聞記事に、瀬戸内海の富栄養化により日本三景の宮島にアオサが蔓延り、赤い大鳥居一帯の砂がアオサで覆われた写真が掲載されていました。研究費の募集をしていた機関に「宮島のアオサを有効利用して景観を守る」と題して研究費を申請したことがありました。すんなり採択され、研究室の実験風景が写真入りで新聞記事になったことがありました。養魚飼料のサプリメントとして大いに利用価値ありとの研究報告書を提出しましたが、そのアオサの回収方法、乾燥、貯蔵については言及しておりません。神聖な宮島に無粋な重機を入れて回収する訳にもいかず、それを乾燥する場所もなく、相変わらず神官が熊手でアオサを掻き集めていました。どのようにして乾燥、処理していたかは不明で、宮島のアオサの有効利用は話だけになりました。

養魚飼料に添加する海藻としたアオサ、ワカメ、コンブ、ノリ、北欧の褐藻アスコフィルム（*Ascophyllum nodosum*）で試験しましたが、緑藻、紅藻、褐藻などいかなる種類でも有効でした。ニシキゴイの飼料にスピルリナ、クロレラ、アオコを添加して色揚げへの有効性をみた例がありました。

どの海藻を使用するかは供給量と価格で決まるため、現在、広く使用されている海藻の一つとしてはノルウェー海岸に繁茂している、写真7-1に示すような褐藻のアスコフィルムです。乾燥させると、木のように硬化し、これが役に立つのかと思う程でした。ノルウェーの海藻会社Algea社の担当者が研究室まで来て養魚飼料のサプリメントとしての有効性試験を依頼されました。この硬い褐藻の粉末をマダイの配合飼料に添加したところ、明瞭な有効性が認められましたので論文に纏めました。用いる海藻は硬さや消化などを一切考慮する必要はないことが判りました。Algea社はこの海藻を畜産用や農業肥料として販売していましたが、この論文を養魚飼料のサプリメントとしての有用性の根拠にして世界に売り出しを開始しました。ノルウェーではこのアスコフィルムの採り過ぎによる枯渇や環境破壊を防ぐため、4年に一度だけ大型刈り取り機を用いて刈り取っています。いまでは世界中で、それぞれの沿岸で多獲される様々な海藻も使用されています。配合飼料への海藻粉末の添加量は実験では5%が至適添加量となりましたが、採算性を考えると多くても2%が限界で、それ以下が添加されています。その添加量でも十分な効果が得られています。

写真7-1　ノルウェーのアスコフィルムの繁茂状況

一説によると海藻は茂るままにしておくより、時々刈り取ると陽当たりが良くなって世代交代が早まり、磯枯れを防止するとの見方もあるようですが、自然現象ですから断定はできません。昔は瀬戸内海の島々で農業が営まれ、海藻やアマモが刈り取られて肥料に利用されていました。その習慣がなくなった今ではそのサイクルが途絶えて、磯枯れに関係しているのではないかとの懸念をする人がありました。

広島市の焼きノリの会社から、製造中に出るクズノリを養魚飼料に利用できないかとの相談がありました。期待通り、アオサと同様の良好な効果が得られたため、会社からの要請で特許を申請しました。日本では養殖ノリは競売にかけられ、品質の悪いノリは焼却処分して価格の安定を保っています。質の悪い養殖真珠を廃棄するのと同じ操作です。農水省により廃棄物となるこの低品質ノリの有効利用のためのプロジェクトが立てられ、私もその委員として参加しました。低質ノリを焼却する代わりに養魚飼料のサプリメントとして利用することで話が纏まりましたが、低品質ノリの保管、運搬にかかる費用を如何に負担するかが問題になりました。廃棄物ではなく、副産物として有効利用するにも工夫がいります。その会議の後で、最高級のノリの試食を行いました。1枚数百円もするノリはタンパク質含量も高く、「さすが」とうなるほどの味がしました。低品質のノリは焼却されることになっている筈ですが、東広島市の百円ショップで小さい袋入りの焼きノリが売られているのを見つけ、購入して試食してみました。色だけはノリでしたが、味も素っ気もない、まるで紙のような無味のノリでした。製造から流通過程のどの段階でこの低質ノリが抜け出て百円ショップに出たのでしょうか。

2005年、配合飼料の開発プロジェクトでアルゼンチンに滞在中、試験用の配合飼料の作成を依頼していたShulet社を訪問しました。会社の担当者から会社の内容説明の後、たまたま見つけた観賞魚用の飼料のラベルにargas de mar（海藻）の字を見つけました。海藻の種類としてノリ（*Porphyra*）、コンブ様褐藻（*Macrocystis*）が添加されていると、書かれていました（写真7-2）。また、ペットの小鳥用の飼料にも海藻が添加されていました。会社の担当者に「何故、飼料に海藻を添加するのか」と質問してみたところ、担当者から「海藻を入れると魚の抗病性が上がり、健全になるから」との誇らしげな回答が得られました。「実は、それは私が――」と言いたいところ「はあ、そうですか」といかにも納得した風を装っておきました。私たちの研究結果が2006年の時点で既に地球の裏側でも応用されていたことに驚きました。

海藻の種による有効性への差異について検討した限りでは大きな差異があるようには見えませんので、現在、世界では飼料に以下の様な海藻が使用されています。

Ascophyllum nodosum（北大西洋岸産褐藻）、*Laminaria digitata*（北大西洋岸産コンブ）、*L. japonica*、*L. hyperborea*、*L. pallida*（コンブ類）、

写真7-2　アルゼンチンShulet社の海藻添加飼料
（algas de marが海藻の意）

写真7-3　魚類の配合飼料に添加される海藻

Porphyra spp.（南米産ノリ）。

これまで配合飼料に様々な藻類を添加したところ、共通して全ての魚類の代謝に影響することが明らかになりました。特に、脂質代謝が活性化し、脂質のエネルギーへの動員が活発になりました。一方で筋肉タンパク質の沈着量が増え、エネルギーとしての消費が抑制されていました。養魚飼料への微細藻類と海藻の添加で有効性が得られた例をそれぞれ表7-1と表7-2に示します。これらの研究でも我々の研究結果と同様の有効性が得られています。

表7-1　微細藻類の添加効果に関する研究

魚種	藻類（添加量）	有効性	文献
アユ	クロレラエキス（2%）	脂質代謝、タンパク質代謝、抗病性	中川他、Nematipour他
	Scenedesmus（15%）	体成分、香味、食味	平野他
ブリ	クロレラエキス（0.5%）	脂質代謝、活力、肉質	中川他、加藤
ウナギ	スピルリナ（3%）	成長、生残、体色	加藤
サクラマス	スピルリナ（2.5%）	成長、体色	加藤
シマアジ	スピルリナ（5%）	成長、脂質代謝	原子、渡邊他
メジナ	クロレラ（5%）	成長、飼料効率、脂質代謝	中村他
	スピルリナ（5%）	成長、飼料効率	中村他
マダイ	スピルリナ（2-5%）	成長、飼料効率、脂質代謝	山口他、Mustafa他、中川他

表7-2　海藻の添加効果に関する研究

魚種	藻類（添加量）	有効性	文献
アユ	ヒトエグサ（2.5%）	成長、脂質代謝、アミノ酸	天野他
クロソイ	ワカメ（5%）	成長、活力、脂質代謝、絶食耐性	Yi他
メジナ	ボタンアオサ（5%）	成長、脂質代謝	中添他
クロダイ	アオサ（2.5-5%）	脂質・タンパク質代謝、活力、抗病性	中川他
マダイ	アオサ（5%）	成長、脂質代謝、活力、抗病性	Mustafa他、中川他、佐藤他
	アオサエキス（1%）	タンパク質代謝	中川他
	ワカメ（5%）	成長、脂質代謝、抗病性	Yone他
	アスコフィルム（3-5%）	成長、脂質代謝、活力、栄養素吸収	Yone他、Mustafa他
	ノリ（3-5%）	成長、活力	中川他、Mustafa他
ヒラメ	アオサ変異種（2%）	成長、タンパク質代謝、活力	許他
ブリ	アオサ変異種（3%）	成長、脂質代謝、活力、抗病性、体色	浜渦他
	コンブ（0.5%）	栄養性疾病予防、脂質代謝、絶食耐性	中川他
ティラピア	ヒジキ、アオサ	筋肉の脂臭さ低減	宮崎他
カルムチー	アオサ ホンダワラ オゴノリ	成長、飼料効率 成長、飼料効率 成長、飼料効率	Hashim他 Hashim他 Hashim他

第 8 章

健全性に関する講演、書籍

これまで配合飼料の研究の主な目的は成長や生残率などの飼育成績が上がることに焦点が当てられていました。共同研究や海外からの招待講演やセミナーなどで、米国、フィリピン、インドネシア、米国、中国、韓国、トルコ、アルゼンチンでセミナーを通じて、サプリメントとしての藻類、キチン、中鎖トリグリセリド、それに必須栄養素のビタミンC、必須脂肪酸の至適添加量が健全性に及ぼす影響を紹介してきました。さらに、健全性を指標とした給餌頻度、適正給餌量に関する研究についても紹介してきました。これまで飼料試験では成長や飼料効率を指標にしていましたので、藻類や各種の成分をサプリメントとして添加の有効性の講演後、必ず「藻類を添加すると成長が改善されるのか」との質問がありました。これまでの飼育実験で成長や飼料効率に影響がない場合は有効性なしとして、無視されていたようです。「健全性の向上」については、我々の研究以外には報告例がなかっただけに、斬新な内容であったかと思います。アルゼンチンに計4カ月滞在中、週1回の定期的なセミナーで上記の全ての項目を紹介しました。当初の1か月は英語で講演を行っていましたが、その後は拙いスペイン語で行いました。年齢を重ねると恥じらいがなくなり原稿も練習もなしで図表だけ見せて訥々の講演をこなしました。始終、講演を聞いていた日本人スタッフが「回を重ねるごとにスペイン語が上手になった」と評価してくれました。

韓国のある国立水産研究機関での講演の後、所長が私に「日本は何でも公表出来ていいですね」と流暢な日本語で愚痴とも言えるようなコメントが述べられました。研究所長が「中国から韓国に輸入した水産物を研究所で分析すると莫大な量の違法なホルモン、防腐剤などが検出され、分析結果を上層部に上げても、全て握り潰されしまいました」と嘆いていました。この点では、日本には良い面もありますが、新人研究員が、害もない物質について「養殖魚から猛毒の○○を検出した」と無断で新聞に発表したことがありました。報道側は確認することもなく報道の自由を標榜すればいいのでしょうが、消費者はパニック、養殖生産者は甚大な迷惑を被ったことがありました。

2003年に中国の三つの大学から「養魚飼料」についての講演依頼がありました。5月の大型連休中で大学での講義もないため気軽に出かけました。蘇州大学、西北農業大学での講演を終えた頃、出発前から次第に流行しつつあった国際的な流行病のSARS（重症急性呼吸器症候群）が本格化し、最後の講演予定の上海の中国海洋大学での講演を中止し、急遽帰国せざるを得なくなりました。急な飛行便の変更もスムーズに済んで帰国できました。ところが、広島大学内では「このSARSの最中、中国へ出張した不届き者がいる」と大騒ぎとなっていたようで、帰宅すると学長から直々の「当分、大学に来ないで」との手紙がありました。大型連休中でもあり、講義への支障もなく、私に何らのSARSの兆候も現れませんでした。

広島大学附属農場で開催された畜産業者に対して、養殖魚の脂質の過剰蓄積の抑制について講演を行った際、会場から、「大きな声では言えませんが」との前置きの後「牛ではビタミンA不足にして肉に霜降り様に脂肪を貯めるように努力していますが、魚では真逆ですね」とのコメントが寄せられました。

日本では牛肉は高価な食材ですが、アルゼンチンでは牛は放牧で、パンパの草で育つため、牛肉が肉の中で最も安価で、赤身が好まれていました。アルゼンチンの研修生を神戸に案内した際、神戸牛のビフテキの看板を見て「あの値段では牛1頭買える」と大笑いしていました。アルゼンチンのパンパを横断する道路脇に交通事故に遭った大きな牛が死んで横たわっているのをしばしば見かけました。牛の交通事故の責任は牛の持ち主にあるようですが、持ち主は広いパンパのどこにいるのか、車はどうなったのか、死んだ牛はどうするのか、と思いを巡らせました。

アジアの某国から養魚飼料に関する講演依頼が来ましたが、その国に出かけるのは気乗りしませんでした。かつて、その国からの招待講演を引き受けた研究者から、市内の治安の悪さ故、空港到着から帰国まで護衛付きで一切外出禁止でホテルに缶詰め状態で、古代遺跡の見学さえも叶わなかったとの情報がありました。原則として、アジアからの招待講演の場合、往復の旅費は自己負担、謝金なしで滞在費のみ招待する側の負担ですから、理由をつけて断ったことがありました。

国内で養魚飼料の研究者の間で養殖魚の質に関する研究が地についてきたと考え、東北大学の佐藤実教授と日本水産学会で養魚飼料のサプリメントに関するシンポジウムを開催しようとの話がまとまりました。12名の飼料研究者に呼びかけ「養殖魚の健全性に及ぼす微量栄養素」と題して、平成15年に開催しました。「微量栄養素」の語を用いましたが、微量とは言えないサプリメントや必須栄養素も含めました。シンポジウム会場には飼料会社からの参加者もあって、80名の講義室に立ち見が出るほど好評でした。このシンポジウムの内容は水産学シリーズとして130頁の本になりました。シンポジウムへの参加者が多かったことに加え、本の売り上げも良かったことで、本課題は世界的にも関心が高いと思いあがって、この内容を世界に発信してはどうかと考えました。編者の一人の佐藤実教授が英国のCABI出版社との交渉、私が世界の執筆担当研究者との連絡を担当して開始しました。CABI出版社から世界中で本の売り上げ向上のため、編者に欧米の研究者を1人加えて欲しいとの要望がありました。そこで、知人の養魚飼料の専門家でサプリメントについても研究論文のある、米国テキサスA&M大学のDelbert M. Gatlin Ⅲ教授に依頼し快諾を得ました。項目の内容のチェックは三名が行い、ガットリン教授には論文校閲に加え英文チェックを担当してもらいました。さて、本の題名については内容が想像できる題名とするため編者と出版社の間で検討しました。これまでに発行された養魚飼料に関する書物より、さらに詳細かつ具体的な内容を示すような題名として、Dietary supplements for the health and quality of cultured fish（養殖魚の健全性と品質に及ぼす飼料サプリメント）という、長い題名に落ち着きました。当初予定していた著者の中から数人の脱落者も出ましたが、何とか、纏めることができました。サプリメントとしてはバクテリア（カロテノイドを含む）、陸上植物、海藻、キチン、植物性サポニン、核酸に加え、さらに、ビタミン、アミノ酸、ペプチド、脂質、無機物などの必須成分も加えました。さらに、栄養遺伝学や経済性・衛生面の記述も加えました。この書の中で私が執筆した項目は健全性の評価、藻類、キチンの3項目です。著者、出版社との全ての連絡はメールの添付ファイルで行いました。しかし、意外にも英国の出版社のコンピューターの容量が小さかったため、送った原稿が先方に届かず、数カ月完成が遅れるというハ

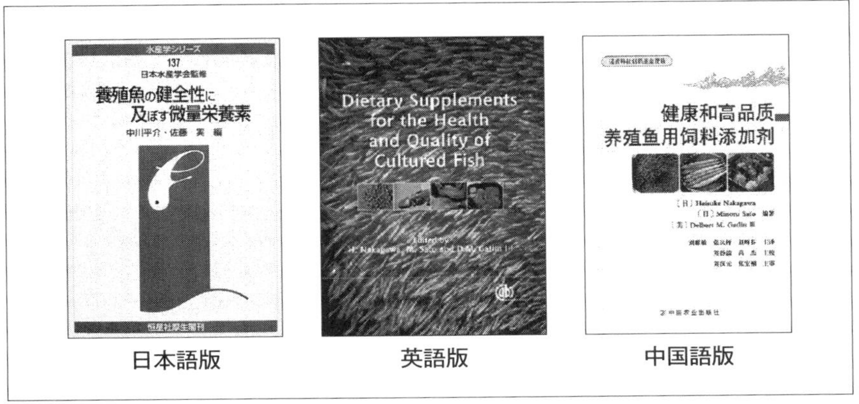

写真8-1　養殖魚の健全性に及ぼす藻類添加効果に関する著書

プニングがありました（写真8-1）。出版後、国際学会の講演の度に「魚類栄養に関する本を出版しましたので、ご承知おきください」と宣伝しましたが、参加した養魚飼料研究者の多くは既に目を通していたようでした。

英国から出版の数年後、CABI出版社を通じて中国の出版社が中国語の翻訳版を出したとの連絡と共に、一冊の中国語の翻訳版が送られてきました。中国語版の出版には私たち編者には何も連絡もなく、書名は「健康和高品質養殖魚用飼料添加物」、出版元は中国農業出版社とありました。しかし、編者の私の名前が縁も所縁もない「中川昭一」となっており、また、所属部局、住所にも間違いがあることに気づきました。編者、著者の名前に間違いがあるようでは、内容にも誤訳があるのではないかとの疑いを持ちましたが、中国語の本の内容まではチェックできません。中国語版の出版に対して中国の元留学生がこの間違いに抗議してくれたようですが、その後どうなったかは不明です。海賊版でなかったことがせめてもの幸いと考えています。

はるか昔、博士の称号が一般的でなかった時代の話です。水産物に関する講演会が企画され、演者は○○研究所、○○農学博士として関係者に情報が発信されました。講演は地場産業に直結した内容ではありましたが、参加者は疎ら。後で主催者が参加者の少なかった理由を知って驚きました。どうやら、演者の肩書「農学博士」に誤解があり、「百姓の博士に魚のことが判る筈がない」が理由であったようです。そう言われれば、農学博士の私に「野菜の作り方」を問われても、大根一本作れません。今では博士が一般的になっていますので、そのような誤解はないと信じたいものです。最近は講演会の演者の肩書に○○博士があるのでしょうか。ある水産加工の講演会で講師が「良い加工品を作るには新鮮な原料を使うように」と述べたことに、参加者から大ブーイングが出ました。「そんなこと、判っとるわ。鮮魚で出荷できんから、鮮度の悪い原料を加工に使うのが分からんのか」でした。全くその通りで、講師の認識不足でした。

第 9 章

その後の養魚飼料サプリメントの研究

養魚飼料への藻類の添加効果実験で我々が行わなかった項目として、香気、臭気への影響があります。ティラピアの飼料にヒジキ、アオサを添加すると脂質代謝に影響があり、その結果、筋肉の脂臭さが低減した、との報告があります。

我々が本研究で用いたサプリメントは、天然魚の消化管内容物で確認した成分を根拠に投与効果を調べました。そのため藻類や甲殻のキチンの投与効果も試験しました。クロダイにキチンを投与することで腸管長の伸長、腹腔内脂肪の減少、筋肉タンパク質量の増加、脂質が場合によって増減しました。消費者から見れば、筋肉の増加は同じ重量でも可食部が増えたことになります。絶食試験においても藻類投与の場合と同様に蓄積脂質のエネルギーへの優先的利用と筋肉タンパク質の消費抑制が認められました。さらに乾出耐性も向上しました。

その後、様々なサプリメントを配合飼料に投与した研究が行われました。韓国では一時シイタケを配合飼料に添加すると魚の活力向上に良好な結果があったとの報告がありました。その後の様々な養殖手法の改善や配合飼料の向上によって、シイタケの添加効果が薄れたとの話を韓国の研究者から耳にしました。日本でもバナナや柑橘類を配合飼料に添加すると食味や香味が向上するとの報告があります。その他、米胚芽抽出エキス、クマササ粉末、植物乳酸菌などで有効性が認められ、販売されています。ユズ果皮粉末を飼料に添加してキジハタ、ブリで脂質の酸化防止や脂質の産廃臭抑制に効果があったとの報告があります。愛媛県水産研究所でミカンの搾り滓をマダイやブリの飼料に添加して血合の褐変を防ぎ、魚臭を軽減し、ほんのり柑橘の香りのすることから、ミカンブリとして販売されています。広島県西部のブリ養殖組合で私がサプリメントの講演をしたこともあって、広島県特産のレモンをブリの配合飼料に添加して美味な「レモンブリ」ができたとの連絡を受けました。試食会に出かけましたが、レモンを投与していない対照区が設定されていなかったため、残念ながら私には味が向上したか否かの判定はできませんでした。サプリメントを添加して有効性を調べる場合、必ず無添加区（対照区）を設け、サプリメントを添加した区（試験区）と同じ飼育条件の後、比較することを勧めておきました。

これまでの研究では飼料に加える必須成分などの有効成分やその添加量は成長や飼料効率などで評価されていましたが、活力、健全性、代謝などの項目で比較すると、これまでとは違った結果が現れました。EPA、DHA、それにビタミンCなどの必須栄養素の必要量を活力や健全性を指標にしてみると、それらの必須栄養素の必要量はさらに高いのではないかと思わせる結果が得られました。

第10章

藻食魚に関する研究

ニザダイ：

以前、研究室の荒井克俊助教授（現北海道大学名誉教授）が米国出張先の研究機関でたまたま出会ったノーザンアリゾナ大学のLin Montgomery教授が我々の研究室で藻食性のアユの研究を行っていることに興味を持ち、研究室間の交流が始まりました。彼は海藻食魚のニザダイの生態の研究者で世界中の南洋の海に潜水してニザダイを観察しています。彼の研究グループによりニザダイの腸管内に摂餌した海藻の消化物に混ざって世界最大のバクテリアが発見され、国際誌Scienceにも発表されています。腸管内容物の中に肉眼でも確認できるほどの大きさのバクテリアが蠢いているのを見ることができました。このバクテリアに関しては説明できない不思議な現象があります。このバクテリアは魚の空腹時の消化管には存在せず、餌料となる海藻にも存在しません。餌の海藻を摂餌すると突如として消化管内に現れるとのことでした。しかし、このバクテリアの由来や生理機能はまだ解明されていません。消化に関係していることが想像できる程度です。

藻類と魚の餌との繋がりで互いの研究の興味が一致し、さらに沖縄県の西海区水産研究所石垣支所（現水産総合研究センター西海区水産研究所支所）の渋野拓郎博士にも声をかけ日米共同研究を提案しました。日本学術振興会に日米間の共同研究の申請をしたところ、幸いにも採択されました。私たちはアユの消化管のどの部分で付着藻類の脂肪酸、アミノ酸が吸収されるかについて分析を行っており、ニザダイの長い腸管についても同様の興味がありました。このプロジェクトで相互に研究室を訪問しました。日本側では広島県太田川と日本最北端のアユ生息地の余市川、沖縄県石垣市のニザダイについても生態観察や分析を行いました。また、米国アリゾナ州Flagstaffのノーザンアリゾナ大学に約10日間滞在して情報収集を行いました。後に我が研究室の当時の海野徹也助手（現教授）が彼の研究室に留学するという形で交流が続き、モンゴメリー教授の生態学研究室に生化学分析の手法が定着しました。また、米国から研究生を1年間受け入れてアユの消化官における栄養成分の消化・吸収過程の研究を行いました。それは私の定年まで続きました。

ニザダイは日本では暖かい海域に生息するため、研究用の試料取得のため沖縄県石垣島に何度か出向きました。その当時は、まだ広島―石垣間の飛行便がありましたが、広島空港で搭乗した乗客は私を含め、たった2名しかいなかったことには驚きました。離陸後のCAの注意事項は普段は聞き流しますが、乗客2人に対して目の前で懸命に話してくれる彼女を無視する訳にも行かず、相槌を打つかの如く聞くふりをせざるを得ませんでした。その後、暫くして、この飛行便は利用客が少ないため取りやめになりました。石垣島で予め共同研究者に採取と内臓除去を依頼しておき、ニザダイを民宿の宿泊客にも刺身として提供して評判を聞いた結果、脂がのって美味かったと高い評価を得ました。

日米の3人の共同研究者が一堂に会し、ハワイでニザダイの生態調査と情報調査を行う計画を立てていた頃、アメリカで9.11テロが発生し、アメリカへの観光客が途絶えていました。ハワイに向けた出発の10日程前になって、米国側の共同研究者モンゴメリー教授の都合が悪くなったとの連絡が入り、更に日本側の水産研究所の共同研究者にも農水省からテロの危険があるとの理由で出国禁止の指示が出されました。これでは共同研究は成立しないため、急遽、学術振興会に日程変更の連絡を入れましたが、変更申請があまりにも直前でもあり、莫大な量の書類の書き換えが必要との担当者の困惑した返事がありました。仕方なしに単独で予定通りハワイにいくことに決めました。テロの影響でアメリカ行の搭乗者の激減対策として観光会社が格安のツアーを売り出していました。日程などが合致したためハワイ1週間のツアーを利用しました。当初は1週間も必要ではなかったのですが、ツアー代金が嘘のように格安となり、これを利用したため、申請した研究旅費が大幅に節約になりました。広島空港発のハワイ便はテロの影響でやはり乗客は極端に減っていました。ハワイの空港では、例のフラダンス衣装の若い女性数人がレイを持って待機していましたが、少ない乗客がパラパラと降りてきたため、レイをかけるタイミングを失った彼女らがうろうろしていました。このような中で私一人だけレイをかけられるのが恥ずかしくて、こそこそとその場を逃れました。

本来のハワイ訪問プロジェクトでは潜水による生態調査、資料収集、研究所での打ち合わせ、セミナーを含めた数日を予定していました。念のため、シュノーケルと水中メガネは持参しましたが、初めてのハワイの土地勘もない海で単独で潜水することもできず、研究所訪問日までツアーとセットになっていた島内のバスツアーに参加して一人で島内を巡りました。その間、ハワイ大学の書店で藻食性魚類が掲載されていた魚類図鑑を購入しました。ハワイは日本人には評判の観光地であるだけに、ホテル、レストラン、商店、それにこのツアーに含まれていた無料の市内巡回バス、周遊バスツアーの案内に至っても、いく先々の会話は全て日本語で、ここは日本語圏かと思わせる如く、英語が必要な場面は殆どありませんでした。街で英語を使った唯一の機会と言えば、ツアーに付いていた無料巡回バスに乗りっぱなしで街を何回もグルグル巡っていた時でした。バスの運転手がいつまでも下車しない私に対して、たまりかねたように後ろを振り返り「Youはどこに行きたいのか」と怪訝そうに聞いてきました。「町の景色をenjoyしている」と英語で答えておきました。

ハワイ滞在最後の日に研究打ち合わせとセミナーのためOceanic Institute（海洋研究所）を訪問しました。日本のアユの摂餌生態について講演を行いましたが、最初の挨拶で「ハワイに来て一週間が経ちましたが、今日初めて英語を使いました」と言うと、聴衆一同爆笑で、この冗談は大いに受けました。それほどハワイには日本語を話す人が多いということでした。セミナーの後、研究者から得た情報では、ハワイでは若いニザダイは食用にしますが、大きくなるにつれてシガテラ毒#の蓄積量が増えて危険なため食べないとのことでした。これは日本語ではなく、英語での会話でした。

藻食性の魚類は栄養分の少ない藻類を有効に消化吸収するため長い腸管を持っています。藻類食でありながらアユは例外的に腸管が短いのが特徴です。海藻を食べる海産魚のニザダイなどは内臓の臭気が強烈で、漁

写真10-1　藻食魚テングハギの腸管

#シガテラ毒：熱帯や亜熱帯のサンゴ礁に生息する魚が蓄積する天然毒、シガトキシンなどによって起こります。シガトキシンは海藻に付着する微細藻類によって生産され、その微細藻を魚介類が食べ、食物連鎖によって魚の毒化が起こりますので、沖縄などの南の海の魚を食する場合は要注意です。

獲後は直ちに内臓を除去しないと異臭で食欲が削がれます。研究室でニザダイを解剖して腸管の内容物を取り出し中、研究室の外まで異様な臭いが流れていました。写真10-1の藻食性のテングハギの解剖図に示す通り、長い腸管を有しています。しかし、アユは藻食魚であってもアイゴやニザダイなどとは違い、例外的に悪臭はしません。

腸管長：

養殖魚への給餌で明らかになったことですが、飼料によって消化管の長さや腸壁の厚さに変化の生じることが判りました。軟かい配合飼料を与えると腸管は短くなりましたが、短くなるというよりは成長と共に伸長しなかったと言えるでしょう。硬いキチンを投与すると長くなりました。

以下は人の腸に関する余談です。外国人が日本人の体形を他のアジア人と比較して、日本人は脚の長さで判別できると、言っていました。さらに、韓国人によりますと、日本人のズボンは靴が見えるほど短いが、韓国人はズボンの裾で靴が隠れているのが普通だそうです。或る時、ラジオで日本人の脚の長さに関する話題がありました。日本人は不消化な植物繊維を多く摂取するため、欧米人より腸の長さが長いと言われています。長い腸を収めるため腹部には十分な容積が必要で、相対的に脚長が短くなるのではないかとの、冗談めいた話がありました。しかし、小腸の長さと脚の長さには相関がない、との結論に落ち着いたようですが、話の真偽は分かりません。昔、学校で座高測定がありましたが、いつの間にかなくなりました。座高は内臓の容量と関係があったのでしょうか、。

ミルクフィッシュ：

日本語ではサバヒーと呼ばれますが、南方の魚で沖縄でしか生息しないため、日本人には馴染みはありません。台湾やフィリピン、インドネシアなどの東南アジア諸国では普遍的な大衆魚です。東南アジアに滞在中、食しましたが、味について記憶はありません。藍藻、珪藻、緑藻などを食する海水魚で、藻類を繁殖させた大きな池で養殖されていました。フィリピンのイロイロ市の研究所SEAFDEC滞在中、ミルクフィッシュの収穫の日に目にしたのは、作業をする人たちの傍で大型の機関銃を手に携えた屈強なガードマンがいました。ガードマンに、その機関銃は合法なのかと問うと、そうではないと答えてくれました。公共機関のガードマンが非合法の大型機関銃で武装している状況は如何なものか。その魚の収穫日に強盗の心配はないとは思いますが、広大な養殖池では夜間に盗難が日常的にあるそうです。東南アジアでは養殖事業の採算性の計算には盗難による損失、ガードマンの雇用費の計上が必要です。夜間に武装強盗が出現するためガードマンも大変だそうです。このミルクフィッシュは収穫後、氷なしでシートカバーもないトラックの荷台に山積みされて炎天下を運ばれていきました。現地では、ミルクフィッシュは腐敗が遅いので、氷など必要ないと言っていましたが。

生態学研究者の求人：

藻食魚の生態学をしている前述の米国のモンゴメリー教授から聞いた話です。いずこの国でも生態学を目指す若者は多いのですが、ハイテク分野でなく地味な分野であるため、研究ポストは決して多くはありません。米国のある生態学研究室の募集に、数百人が応募し、書類審査の結果、数人が最終面接の権利を得ました。ところが面接会場で正装した面接官の前にジーパン、Ｔシャツ、ビーチサンダル姿で現れた応募者が数人いたとのこと。TPOをわきまえない応募者は当然、不採用です。面接を担当した研究者が、この無作法な応募者について、「厳しい業績審査を通過したのに、何ともったいないことか」と嘆いていました。米国のラフなスタイルが日常と勘違いする日本人もいますが、米国では場合によって日本以上にTPOには厳しいとか。魚類学者の昭仁上皇が天皇時代にお忍びで魚類学会の懇親会に顔を出されることがありました。陛下に対してラフなジーパン姿で応対した会員もいたとか。

藻食魚の研究：

藻類を添加して効果を調べている私たちの研究を知り、アフリカの某国の大学教授から共同研究の申し出がありました。彼の研究課題であった、淡水魚への植物の投与に関しては私も興味があり、まず先方の研究の内容を理解するため、論文の別刷りの送付を依頼しました。ところが、何を勘違いしたのか、別刷りがくる前に「日本での自分の研究室は○○㎡が必要」「秘書を希望する」「IBMのコンピューターを用意するよう」などの驚くような要求がありました。その国には身分制度があって、水や土に手を触れる作業は下賤な仕事と見做すようで、このような人物では給餌や池掃除どころか、水や魚に触れることさえしないと判断し、また業績も期待したほどでもなかったため、共同研究の要請を断わりました。

第11章

藻類に纏わる話

海藻標本：

学生時代、水産植物学の講義で教わった手法で、私の故郷の山陰海岸や瀬戸内海で海藻を採取し標本を作成していました。画用紙、新聞紙、布切れさえあれば立派な海藻標本ができます。また、その講義で学名はラテン語で覚える様に言われたこともあり、面白半分にやたらとラテン語の学名を覚え、級友をけむに巻いては喜んでいました。海外では個々の海藻に日本のような一般名称はありませんので、面白半分に覚えたラテン語の学名は海外での議論では大いに役に立ちました。

学生時代、高校生の弟から、夏休みの宿題について相談があり、海藻標本の作製を提案したことがありました。夏季は海藻の種類は限られますが、海藻図鑑を見ながら和名、学名、採取場所、採集年月日など必要項目を記入して、学校に提出したところ、最優秀賞に選ばれたと弟から連絡がありました。他にも海藻標本を作製した生徒がいましたが、海藻の塩抜きが不充分で、出来上がった標本が塩コブ状態になっていたとか。その後、小学生の息子の夏休みの宿題にも、海藻標本作製のアイデアを出し、市から優秀作に選ばれたことがありました。見事、夏休みの宿題の影武者としての能力を発揮しました。

在仏中、地中海や大西洋岸で採集した海藻からも標本を作製し、食べられそうな海藻は試食しました。紅藻でしたがワカメ様の柔らかい感触の美味な褐藻やノリ（*Porphyra* sp.）もありました。海外在住の日本人から欧州で海藻が食べたいとの声がありますが、陸上植物のような強烈な毒性はないので、自己責任で試食してみる価値はあろうかと思います。海藻には海人藻のように回虫の駆除剤として利用されるように、注意を要する海藻もありますが。

帰国して、地中海や大西洋岸で採集した海藻標本を藻類研究者に披露したところ、貸してほしいとの要望に応えて、貸し出したところ、全ての標本が行方不明となりました。また、国内で集めた海藻標本を貸し出した別の研究者も逝去されたため、気まぐれで集めたとはいえ、これらの標本の全てがなくなってしまいました。かねてから、海藻の研究をしたいと願っていましたが海藻とは縁がなかったかと諦めていました。しかし、その後、妙な形で海藻に関わることができました。

南米のワカメ：

日本や韓国のワカメ（*Undaria pinnatifida*）が船底に付着して世界に広がっています。ワカメは日本の技術協力により食用として中国でも生産されていますが、ワカメを食用としない国にとっては刈り取られることもなく繁茂するままで生態系に影響を及ぼしています。これまで蔓延が報告されている地域はオーストラリア、ニュージーランド、スペイン、フランス、イタリア、英国、メキシコ、米国、アルゼンチン南部のパタゴニア海岸で底生生物の生態にも影響を及ぼしているようです。アルゼンチン国立パタゴニア研究所の論文によると、ワカメにはこの海域はよほど居心地が良いとみえ海底のみならず、船底でも旺盛に繁殖しています。このアルゼンチンのワカメをパタゴニアの寒風で乾燥させ、養魚飼料用のサプリメントとして利用すれば地元の産業にもなろうと思いつきました。ワカメの有効利用で環境保全にも貢献できると考えて、パタゴニア研究所とも連絡を取り、資料を整えてプロジェクトを立ち上げるべく準備万端でした。ところが、藻類による養殖魚の健全性向上を目的としたこのプロジェクトは健康診断で私自身の健全性不足が発覚したため、実現しませんでした。

イタリア人医師：

在仏中のマルセイユの留学生宿舎でイタリア人内科医と親しくなり連れ立って食事やハイキングに出かけていました。当時、彼はピサ大学医学部助教授で甲状腺専門の医師でした。街を歩くと、彼が通行人を指さしては甲状腺に軽い異常があることを指摘していました。普段より海藻を当たり前に食べている日本では考えられませんが、海藻を食べないヨーロッパではヨード不足による甲状腺への影響は深刻だったようです。甲状腺異常は海岸部より内陸部で深刻でした。ヨード不足を補うため、町ではヨウ化カリ（KI）を添加した食塩が売られていました。

お互いの留学期間が終り、イタリア人とは帰国してからもメールや手紙で近況報告を続け、夫婦で二度ピサ市を訪問したことがありました。メールのやり取りで、彼からイタリアの甲状腺腫の話が出たので「海藻の食用化を工夫してみたら」と意見を述べておきました。古代ローマ時代に軍馬に海藻を与えた記録があったことも知らせておきました。海藻を食べた馬が健全となったかは不明ですが。彼が調査を始めて間もなくピサ市のスーパーの食品売り場でサラダとして海藻が売られ始めた、との連絡を受けました。これでイタリアの深刻な甲状腺異常は解消するのでしょうか。

欧米人が海藻を嫌う理由は海藻の味や臭であると言われています。しかし、海藻を全く利用していない訳ではなく、1975年代、フランスの大西洋岸の小さな村を訪れた時、小さい売店で海藻粉末入りのスープ用の瓶詰めの調味料が売られているのを見つけて一瓶購入しました。さらに、サラダ用として種類不明の褐藻の入った大型の瓶詰めがありましたが、旅行中でもあり大き過ぎて買えませんでした。今では日本の巻寿司やおにぎりが世界で普及し、ノリを口にする機会が増えたため、海藻に対する抵抗も薄らいできたのではないかと思っていました。しかし、日本のテレビ番組で欧米人がコンビニで購入したおにぎりのノリを剥ぎ取って中身だけ口にする映像を見ました。ノリを包装紙と間違ったのか、やはりノリの香が気に入らなかったのでしょうか。

海宝麺（かいほうめん）：

第二次大戦末期の海藻に関する郷里の山陰浜田市の話です。海岸近くに繁茂するワカメに目をつけた一人のアイデアマンが、醤油と砂糖とイリコ出汁で「味付けワカメ」なるものを考案し、海軍へ納入してワカメの市価を大いに高めました。その後、誰も見向きもしない海岸に打ち上げられた海藻を主原料にして「海宝麺」と名付けた麺を作り、空っ腹時代に統制外食品として大いに寄与したと言われています。この「海宝麺」は今ではダイエット時代の低カロリー食品として最適でしょう。原料にワカメやコンブを使用すると高品質の海宝麺ができましたが、流れ藻のホンダワラやモクなどの褐藻類では、消化管が慣れないため、食べ始めには下痢をしたようです。これも慣れてくると消化管も順応して下痢も治まり、満腹感にひたれたといわれています。幼い頃、この海宝麺を食べたことがある筈ですが、記憶にありません。

第12章

水産物に纏わる話

魚離れ：

かなり以前から「魚離れ」なる言葉が使われるようになりました。昔は安価であった水産物が高価になったこと、調理が面倒であること、ゴミがでるなどの理由があります。日本で魚離れが起こっているのとは対照的に、中国などで水産物が高価になった理由の一つに、ヒトの食料のタンパク質源としては魚肉は畜肉より優れているなど、水産物が健康志向に合うことが認知されたためです。かなり以前より、フィリピンでは「ボーンレス」と称する、骨を除いた魚が出回っており、市場で一尾づつ魚から骨を抜いている光景を見ました。日本でも家庭における調理の手間が省けることと、廃棄物が出ない、骨なしの魚類が出回るようになりました。ところが、ある水産会社の社長が「せっかく生きのいい魚を家庭に送ろうと努力しているのに、魚をいじくり回して鮮度を落とすとはけしからん」と嘆いていました。それぞれの立場で異なる見方もあるものです。調理を担当する立場からは、鮮度の点はさて置き、調理の簡便性とゴミが出ない点が最大のメリットで、包丁を持たない家庭が増える今では仕方のないことかもしれません。日本人は馴染みのない外来魚には手を出さない傾向があるため、外来魚は切り身にして売られており、これが根付いています。

アナゴ：

産地が同じであっても味は同じではないという話です。日本と韓国が日本海の同じ海域でアナゴとヌタウナギを漁獲していました。ヌタウナギは韓国では高級食材ですが、日本では嫌われています。アナゴは韓国より日本での価値が高いため、島根県浜田市では韓国から大量に輸入したことがありました。しかし、韓国では日本と異なり魚の処理に不可欠な水と氷を惜しむあまり、魚の水洗いが悪く、鮮度も落ちていてこのアナゴを蒲焼きにするとプーンと嫌な臭いが鼻につき、やむなく製品全てを投棄せざるを得なかったとのこと。ブランド化には原料の産地より、漁獲後の取扱、処理が大きく影響するという例です。

名物に美味いものなし：

「名物に美味い物なし」とよく言われます。それは、出来の良い製品は輸出なり、評価が高い消費地に運び、生産地には不良品が残るからです。「商売物には手を付けない」にも通じるところがあります。水産加工品の消費地は都会だけとは限りません。昔から裕福な商人が多かった街や山間部へ出荷する加工品は最高の品質でないと通用しません。生鮮魚が容易に入手できない山間部では、加工品に対して口が肥えています。

かつて「○○カニの名産地で○○カニの食べ放題ツアー」に参加したことがありました。出された食べ放題のその名物のカニは魚市場の競りには出せない品物でした。まさに「名物に美味い物なし」状態でした。水産物ではありませんが、日本に95%輸入されているヘーゼルナッツ生産地のトルコ北東部のトラブゾン市の道路沿いには多くの木が植えられていました。しかし、スーパーマ―ケットの商品棚にあったのは、日本で見るような大きなヘーゼルナッツではなく、半分程度の小さいものばかりでした。恐らく大きいものは日本に輸出されたためでしょうか。ある日、テレビでブラジル出身の女性歌手が「ブラジルはコーヒ―の名産地ですから、美味しいコーヒーを飲みに来てください」と言っていましたが、本当に美味しいコーヒーが飲めるのでしょうか。

魚臭：

私の故郷の島根県浜田市には水産加工場が多く、魚臭に満ち、さらに廃水が腐って腐臭が漂っていました。私は若い頃からその臭いの中で生活していましたので、この臭いに対して何の抵抗もありません。秋田名物の魚醤の「ショッツル」、東南アジアの「ニョクマン」や「ナンプラー」と同じ系統の臭気です。イタリアの魚醤、ガルムも同じ系統の臭いでしょう。各地の漁港を訪れ、この種の臭いを嗅ぐと、ふと故郷が思い浮かびます。しかし、何故か水産加工業を営んでいた父は「ショッツル」の臭いを殊更毛嫌いしていました。

マレーシアのボルネオ滞在中、アパートの1階のレストランから異様な臭気が流れていました。臭いの正体は「ブラチャン」と呼ばれる東南アジアの調味料でした。これはアミエビを潰して塩を加えて発酵させたもので、料理に入れた時の味はいいのですが、この調味料だけ嗅ぐと、魚醤とは全く異なった、馴染みのない悪臭でした。それに似た物として、日本の食料難の戦中戦後、瀬戸内海の海岸で捕らえた小さいカニを潰して塩を加えて発酵させた調味料があった、と年配者から耳にしました。

魚醤や塩辛の原理は魚やイカの内臓に塩を加えて、内臓の酵素、環境のバクテリアにより発酵させたものです。イカの塩辛は、日本ではどこで作っても似たような味と臭いがします。在仏中、イカの塩辛を造ったことがありましたが、何度試みても、日本のイカの塩辛とは幾分臭いが異なりました。塩辛の発酵には環境のバクテリアの作用が大きいことが理解できました。これをマルセイユの研究室で披露してフランス人の反応を見たところ、すんなり受け入れて口にしたのは来日経験のある指導教授だけでした。他のメンバーは臭いに驚き、直ちにその場から去りました。では、フランスにこの種の発酵食品がないかと言うと、ニース風サラダ（Salade à la niçoise）のトッピングに使われているアンチョビーは一種の発酵食品で、明らかに塩辛の臭いでした。

広島大学の研究室のスタッフが出張帰りに学生に経験させると称して「クサヤ」を買って来ました。ところが研究室でクサヤを焼いたため、クサヤ臭がフロアー全体を巡りました。当然、他の研究室から「非常識にも程がある。そんな物、ドラフト室で焼け」と抗議が出ました。ところが「そんなことをしたら、ドラフト室が臭くなる」と陰でこそこそと呟く人物がいました。

モハマ：

地中海名物として、マグロの赤身を塩漬け後に乾燥させたMojama（モハマ；マグロのジャーキー）なる、飴色をした艶のある高級珍味があります。初めて味わったのは、マルセイユの日本領事館勤務のスペイン人職員の帰省の際の土産物でした。二回目はスペイン人留学生が研究室に土産として持参したものでした。カラスミのように、薄く切って肴として食べます。マグロの卵巣も同じように加工して売られており、一説には、大航海時代に日本に伝わったカラスミの原型とも言われています。このモハマは地中海マグロが分布する地中海全域で製造されており、モロッコ、イタリア、トルコでも高値で販売されていました。スペインで開かれた国際学会に参加した日本人にこれを勧めたところ、高価であったため、かえって土産として喜ばれました。

海外の魚市場：

海外出張先で魚市場の見学は欠かさず、地域の海産物を観察しました。日本も含めて、大抵の国の魚市場は早朝に始まります。日本で魚市場が早朝に始まる理由の一説には運搬手段がなかった時代に庶民の食事時間に合わせた、と言われています。その点では今では早朝に開く意味はないように思われますが、それについて議論されたとの話は聞きませんので、それなりの理由が他にもあるのでしょう。モロッコの大西洋岸のエッサウィラに出かけた際、ホテルの近くに魚市場があり、開設時間が5時と聞き、早朝の薄暗い中を出かけました。しかし、薄暗い魚市場は無人。魚市場の開始は午後5時の聞き違いでした。固定観念にとらわれず、しっかり確認しておくことが大事との教訓でした。

ヒラメの体色異常：

異体類（ヒラメやカレイ）の種苗生産技術は格段に進歩し、以前は写真12-1のように、体表面が斑になることは普通でした。適量のDHAやビタミンA投与量の確立や様々な工夫により日本では体色は正常になりつつあります。技術が未完成であったトルコの黒海カレイやアルゼンチンのカレイやヒラメの種苗生産施設では斑の体色の魚が水槽の底にいました。前述の写真3-3の右側の黒海カレイに少し黒い斑が見えますので、恐らく放流魚でしょう。ある日、妻がスーパーでヒラメを買ってきましたが「あの店は親切で丁寧に皮まで剥いてくれた」と感激していました。実は、養殖ヒラメの斑のある体表を客が気味悪がらないように皮を剥いたまでのことです。

この異体類の体色異常は天然魚でも見られました。まだ、放流事業が行われていない頃ですが、私の実家の水産加工場で干物の原料として大量の数種のカレイを仕入れていました。買い入れたカレイ類の中に有眼側と無眼側の両面が黒い個体がありました。その割合

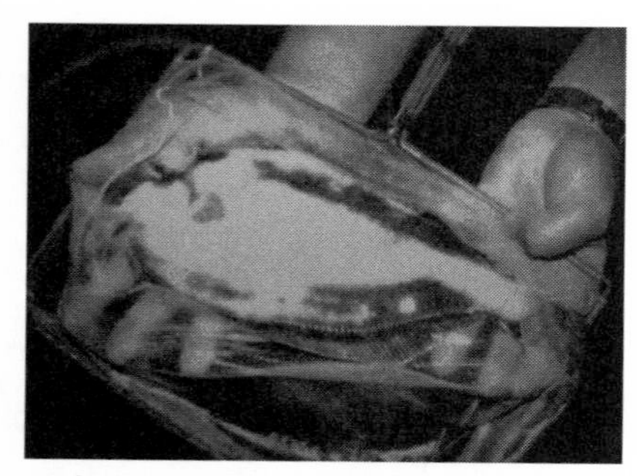

写真12-1 ヒラメ無眼側の色素異常

を入荷量と出現頻度から計算したことがあります。記憶が曖昧ですが0.003%程度であったように思います。体色異常カレイは当然、商品にはなりません。逆に有眼側の白い個体は見つかりませんでした。有眼側が白いと捕食者に見つかり易いため生存できないのが理由かもしれません。

水産物の偽装：

テレビをそれとなく見ていた時、某国のスッポン生産者が悪びれる素振りもなく「これは水だから人体に害はない」と強調しつつ、大型の注射器でスッポンの体内に水を注入している光景を見て驚きました。また、ウクライナの水産物取引業者から送られてきた動画に、水産物や畜肉に機械や手で黄みがかった液体を注入する場面がありました。動画の字幕には「多吃一口、病重一分（もう少し食べたら病気が悪化する)」と記されていました。これだけの複雑ないかさま機械を考案したり、偽装のための働き手を募集できる努力を他に生かせなかったかと思った次第です。日中関係正常化後、中国への魚の買い付けには金属探知機が必需品であったとの笑い話がありました。市場の魚の腹に多量の折れ釘が仕組まれていたからです。腹腔内に金属片を差し込むにも結構な手間と技術が要ったでしょう。

量販店の魚介類売り場は世相を反映しています。テレビで話題となった魚介類はその後、数日は売り上げが急増するようです。反対に、違法薬品、産地偽造などが問題となると、その種が急に絶滅したかの如く、店から消えます。

軟骨魚：

軟骨魚のサメやエイの骨は軟骨ですから食べられます。韓国、マレーシアの町中で乾燥させて焼いたエイを食べたことがあります。結構、きつめの臭いと味でした。スペインやフランスのレストランのメニューにエイがありました。フランスでエイの料理を注文し、ヒレも含め全部を食べました。しかし、周囲の客はあのヒレの中にある細かい軟骨を除いていました。ブドウの皮も種を気にせずに全部食べるフランス人が何故柔らかいエイのヒレを残すのか、と不思議でした。

最近は、瀬戸内海沿岸部のスーパーの鮮魚コーナーでエイやサメは販売されていませんが、広島県三次市では「ワニ」と呼び、今でも正月や祝い事で珍重されています。瀬戸内海の漁業組合長から聞いた話として、瀬戸内の漁業者は獲った軟骨魚を冷蔵庫に数日置いて腐らない程度に自己消化させて美味くして食べるとのこと。山陰や瀬戸内海から中国地方の山間部へ運ぶ時間が丁度この熟成期間に相当し、最も美味くなった頃、消費地に届く訳です。それに軟骨魚は硬骨魚と違って全てが可食部で、労力をかけて山間部まで運んでも無駄がありません。さらに尿素が分解されて発生する微量のアンモニアによって鮮度が保たれることが利点です。幼い頃にはサメをよく食べましたが、味の記憶がないため、広島県三次市までサメの刺身の試食に行きました。他の魚と全く遜色のない味でした。日本各地の山間部で軟骨魚を食する地域があるようです。捨てる部分の少ない点で、タコも山間部では祝い事に珍重されています。

日本食：

東南アジアで淡水魚が重宝されたのは、淡水魚は水さえあれば市場で鮮度の良い状態で売ることができたためです。一方、海水魚は観光地での消費が一般化してから大々的に取引の対象になりました。魚を用いた料理は今では国際化していますが、以前は、生魚を食べること、醤油の臭い、淡泊な味などにより、好まれた料理ではありませんでした。最近、寿司が評判になり、値段が高く設定できると考えて熱帯地方で安易に寿司屋を開くことがあります。道端の木陰の露店で埃まみれで売られている魚を見たことがありますが、この魚をYoutubeで得た寿司の技術で安易に寿司として提供される恐れがあります。淡水魚が使われると寄生虫の問題があります。ある日本人から南洋で刺身を食べる心得を聞いたことがあります。契約しておいた漁師から港で手渡しで魚を受け取り、直ちにミネラルウオーターで洗浄して、誰にも触れさせないようにして持ち帰り冷蔵庫に入れるのだそうです。

ボルネオ滞在中、試しに回転寿司屋を訪れました。店の雰囲気から生魚を口にするのが躊躇われたため、野菜の漬物と卵焼きの寿司だけ食べて帰りました。請求書には頼みもしないお茶代と何のサービスもなかったサービス料が書きこまれていました。海外で安易に日本料理店を開いて、鮮度や中毒が問題になっては日本料理の評判に関わるとして農水省が「海外における日本料理の調理技能の認定に関するガイドライン」を定めました。

1950年代の話です。魚食が普及していなかった米国では漁獲物の運搬や保蔵に氷を使用することがなかったため、魚は腐臭を発していました。そのため、米国では魚は腐って臭いものとの先入観があって、貧民の食べ物と考えられていたようです。食材には必ず火を通す食文化をもつ国民から見れば、日本人が刺身や寿司で生魚を食べることに「あんな腐った臭い物を生で食べるような野蛮人だから馬鹿な戦争をして負けるんだ」と考えていたようです。更に「あんな臭い魚の名を野球チームにつけるとは広島県民は何を考えとるんか」と思っていることでしょう。

フランスで「アメリカに料理はない。あれは食べ物だ」との意味深い言葉を耳にしました。美食を誇るフランスならではの評価でしょうか。ある米国人の話によると、米国では味を摂っているのではなく、カロリーを摂っているのだそうです。米国で量だけは多く、不味い食事を経験して全く同感でした。米国人の肥満は深刻で、ペットのイヌまで飼い主に似て肥満でした。肥満の原因は過食でしょうが、それに加え水産物の摂取不足によるEPA、DHA不足が肥満に輪をかけているのではないかとの説もありました。

子供の頃に耳にした話で、誰が広めたのかわかりませんが、欧米ではイカやタコは悪魔の生き物だから食べないとの間違った情報がありました。日本ではイソギンチャクやユムシを食べる地域があります。マルセイユの魚市場にユムシやイソギンチャクが売られていました。イソギンチャクはレストランで供されることはなく、家庭でフライにして食べます。食べた日本人の感想では結構美味であったとか。また、フランスで売られていた好物のホヤを食したことがあります。日本の東北で養殖されているマボヤとは色や形が異なり、紫色をしているためビオレ（Violet、紫色の意）と呼ばれています。

海外で来日経験のある若者が「日本料理を食べました」と言ったので、何を食べたか聞くと、「ラーメン」「お好み焼き」でした。「日本料理」「日本の食べ物」「日本で食べた物」の違いを説明しておきました。

アメリカザリガニ：

研究を始めた頃、甲殻の色素の分析でアメリカザリガニを多く用いました。この類の淡水ザリガニはフランスの内陸部では高級食材で、世界各国から様々なザリガニが輸入されていました。日本で昔、食用ガエルの餌とするため移入したアメリカザリガニが夜店などで売られたこともあり、全国に分布を広げました。岡山市西大寺にいた小学生時代、ザリガニ釣りに興じていました。当時から水田に穴をあけるなど、評判は悪く、今では駆逐対象の外来種となっています。美味ですが、日本では食用にされないため、駆除も難しく増える一方です。この嫌われ者の外来種のアメリカザリガニにフランス名エクレビス（Écrevisse）の名を冠すれば日本国内でも日常的に食する習慣となり、駆除にも役立つかもしれません。

ムラサキイガイ：

瀬戸内海の沿岸で広くみられる表面の黒い二枚貝、ムラサキイガイは大航海時代から現在に至る間にヨーロッパから船底について日本に運ばれたもので、今では駆除は困難です。日本在来のイガイとは異なります。フランスではこの貝の養殖が行われ、さらに、国外からも様々なサイズのムール貝が輸入されていました。広島では名産のカキ養殖の邪魔になるとして嫌われていますが、フランスではカキ養殖場の近くでこのムール貝が養殖されており、産卵期などがカキと競合しないため、両者の養殖が可能なのでしょう。かつて日本ではムラサキイガイは口にしませんでしたが、フランス名のムール貝の名称を使用したせいか、パーティー料理として次第に利用されるようになり、広島県からも都会に出荷されているようです。

オニテナガエビ：

南方産の淡水エビは日本のテナガエビに近い種類で、成長が早いのが利点です。南方原産のため、日本の気候では夏の間しか成育できませんが、温泉地では飼育が可能です。養殖池から逃げ出しても生態系を乱すことはありません。大きな長い鋏があるため、結婚式などの祝い事には「縁を切る」として利用されないので、高値で取引されることはないでしょう。このオニテナガエビの養殖研究に情熱的に取り組んだメキシコ人留学生がいました。年中全く休むことなく、このエビの研究で博士課程を修了し、研究室初の学位取得者となりました。産卵、稚エビ養成、親エビに至る全過程を解明して、完全養殖を成功させました。オニテナガエビもカニ類と同様、産卵時には降海する必要がありますので、実験室での産卵には海水が必要です。試験飼料の作成については、包装蒲鉾の製法技術を生かして配合飼料を作成しました。普通、水棲生物への給餌量と摂餌量は一致しませんが、この蒲鉾状の試験飼料は残餌を回収できるので、両者は完全に一致します。このエビの利点はクルマエビより餌のタンパク質要求量が低く、炭水化物の利用能が高い点です。

春に、100尾近い稚オニテナガエビを、共喰い防止と鳥などからの捕食防止のためビール瓶運搬用のプラスチック容器をシェルター代わりにして構内の浅い池に放しました。無給餌下でしたが、餌は自然発生した水棲昆虫であったでしょう。夏の終わりに全てのオニテナガエビを取り上げたところ生残率50%の好成績が得られました。試食の結果、味はクルマエビ類とは異なりますが、美味しく食べられました。

最近、大きな鋏を持つロブスターが生きたまま売られています。この鋏のあるロブスターを間違って海に放つと1m以上に成長しますから、生態系を撹乱することは明らかでしょう。イセエビにも影響を与える可能性もありますので、当然、ロブスターの放流は許可されていません。地中海の漁業者から聞いた話で、この大型のロブスターは捕獲に危険が伴うため、脚ヒレを鋏に挟ませてから捕獲を始めるのだそうです。

ティラピア：

ティラピアは味がマダイに似た美味しい魚です。ティラピアの質的向上を目的とした飼料試験をしたことがありました。飼料に混ぜるフィードオイルの代わりに中鎖トリグリセリドを添加すると、魚体内の脂質の蓄積抑制に効果が明らかになりました。分析と試食試験の後、残りのティラピアを家庭に持ち帰りました。妻にティラピアの名を告げただけで気持ち悪がられましたが、塩焼きで夕食に供しました。その後暫くして、妻がスーパーで「チカダイの刺身を買ってきた」と得意げに差出しました。現在、養殖されたティラピアには「イズミダイ」「チカダイ」などの洒落た和名が付けられて販売されています。外来魚には容易に順応しない日本人に対する戦略が見事に成功した例です。

ティラピアは名前の響きがアマゾン川産の猛魚のピラニアと似ている

ため、間違われることがあります。大学祭で学生が見学者を学内の実験水槽に案内した際、ティラピアをみて、聞き違えて「ホー、これがあの猛魚のピラニアですか」と、驚いていたとか。ブラジル人研究者に聞くと、このピラニアは結構美味な魚だそうです。ティラピアはアフリカ原産のカワスズメ科の淡水魚で、日本では外来種ですが、水温が高くなければ生存できません。日本の気候では温泉地か夏しか生存できないため、逃げ出しても生態系を撹乱することはありません。工場から排出される温排水を利用してティラピアが飼育できないかとの相談がよくありましたが、工場設備の定期的なメンテナンスのため排水の止まる数か月間を如何にするかでアイデアが出ず、話だけに終わりました。

平成元年、魚類学の研究者の明仁天皇陛下の即位を記念して世界的に著名な魚類学者を招待したシンポジウムが東大海洋研究所で企画されました。その参加者の一人を広島大学国際協力研究科の記念行事に招きたいと同研究科長から相談があり、仲介したことがあります。招待する米国人は遺伝学的手法でティラピアの分類や遺伝学に携わる研究者でした。彼はティラピア学会の会員で、立派な業績を挙げていました。生物学部門ではこのような生物の種類ごとに小さい学会が数多くあります。私たちの研究室でティラピアの飼料試験に関する英文要約付きの和文論文を1報発表したため、このティラピア学会から入会の誘いがありました。

業績評価：

最近の傾向として業績評価に引用係数やインパクトファクターが採用されていますが、その点では生物部門の評価点数は医学や工学系の先端技術部門とは当然比較にはなりません。残念ながら、前述のティラピア学会のような地味な生物学部門の研究は業績が画期的でも評価されない傾向にあります。また、残念ながら先端的分野の研究も評価が低くなっています。

日本に滞在中、学会誌に第二著者を含め7報の論文を発表した中国人留学生がいました。帰国後、母校の助教授に就任し旺盛に研究を展開していましたが、教授の昇任人事で他の候補者に敗れたとのメールを受けました。一方の候補者は日本に留学中に、ヒトの栄養学分野の国際誌1報だけでしたが、インパクトファクターだけで比較されたようです。水産や生物の分野では、国際誌であっても論文の評価指数は高くありません。この元留学生には「既に研究手法、論文作成、校閲者とのやり取りまで教えてあるので、地道に研究を続けて次の機会を待て」と返しておきました。やがて教授昇進が叶い、今では多くの博士課程の学生を受け入れて養魚飼料の研究を続けている、との嬉しいメールがありました。

第13章

細やかな国際貢献

国際協力事業団の集団研修：

国際協力事業団のプロジェクトとして「半閉鎖性水域における環境保全と生物生産」と題する集団研修を五年にわたり毎年三か月間引き受けました。対象は8～10名の発展途上国の中堅公務員です。研修に先立ち、本研修は水産養殖の研修ではないと明言し、如何にして環境を維持しつつ自然界の生産力を生かして持続的に食資源を得るかを考える研修であることを強調しました。しかし、研修終了後の報告会で、「何故、水産養殖の研修がなかったのか」「日本が大型の漁船をくれれば無限に魚が獲れる筈」など、とんでもないピント外れのコメントがあり、本研修の趣旨が全く理解されていないことが判りました。さらに、日本でも次第に広まりつつある、山に木を植えることにより海が豊かになる話、即ち森林生態、河川生態、海洋生態が一体であるとの考えは、マングローブを有する国の研修生には理解が得られましたが、砂漠の国の研修生への理解には時間がかることがわかりました。残念ながら、この研修は企画者の私が理想を追い過ぎたが故、時期尚早で失敗と思っています。

広島県は日本最大のカキ生産地であることから大手のカキ生産場の見学を企画しました。会社に到着すると、社長が作業着でカキ打ち場から手を拭きながら迎えてくれました。これを見て研修生が驚愕。社長は社長室で立派な椅子にふんぞり返っているイメージがあったようで、社長が従業員と同じ服装で作業場で働いているなど想像もつかなかったようです。日本の社会制度を知らしめるには良い機会でしたので、翌年からは敢えて、事業所見学の際は社長に作業着姿で作業場にいてもらうよう依頼しました。

生物学分野の研究：

世界には生き物に関しては未知の現象がまだまだ多くあります。発展途上国の研究機関では最新機器を用いたハイテク研究を指向しても研究費不足で実現できませんが、生物学では分類や生態学のような地道な研究は研究費がなくても、好奇心と努力の蓄積で興味深い結果が得られる筈ですが、好まれません。施設、研究費不足を理由に、講義だけで研究していない大学教官がいました。少なくとも日本で学んだ留学生が帰国して研究費に恵まれなくても、この教訓を生かしてくれれば、それを勧めた立場として嬉しいのですが。

モロッコ出張の折、高知大学で学位を取得したモロッコ人元留学生と会いました。彼は首都ラバトの国立の研究機関の水産増殖部門に所属していましたが、専門は栄養学部門で、研究費も機器もないから何もできないと、研究を諦めていました。当時、モロッコの地中海沿岸に研究設備が完備した日本の公的施設がありましたので、研究テーマについてはそこに相談してみたら、と進言しておきました。日本での留学経験があっても日本語ができないと日本との共同研究は進みませんが、幸い彼は日本語も堪能でしたから、数百キロの距離にあったその日本の研究機関と共同研究が進められたようです。

レストランの日本語メニュー：

今ではマルセイユにも回転寿司屋がありますが、1975年当時マルセイユには日本料理店はありませんでした。旧港近くに中国人が経営する中華レストランがあり、看板娘として大学生の二人の姉妹が店で手伝いをしていました。殊更美味ということではなく手ごろな値段の料理店でした。この店にはフランス近隣の国々で仕事をする日本人がビザ更新のため、マルセイユで一日を過ごすためよく利用していました。ある日、たまたま店で北アフリカで建設工事に携わる日本人技師一行と意気投合して盛り上がり、ご馳走になったことがありました。その店で日本語は通じませんでしたが、日本語のメニューがあり、頼めば刺し身も提供してくれるようで、日本人には重宝されていました。しかし、フランス語が併記されていない日本語のメニューには明らかな誤訳があり、日本語のメニューから料理を注文して出された料理に驚きました。イセエビと書かれていた料理を注文して出てきたのはクルマエビ属でした。また、意味不明の「サンジャックの貝」はCoquille Saint-Jacquesの直訳で、ホタテ貝のことでした。スペインのキリスト教の聖地、サンチャゴ・デ・コンポステーラ（Saint-Jacques de Compostela）への巡礼にシンボルのホタテ貝の貝殻を携える習わしがあったため、その名が付けられています。その他、魚名にも間違いがあり、暫くは注文する度、何が出てくるか不安でした。留学を終えマルセイユを離れる前に店に挨拶に行った際、女主人から日本語のメニューの訂正を依頼されました。恐らく、彼女は私が注文の度、出された料理をみて驚く様子を見ていたのでしょう。細やかな国際貢献になりました。この中華レストランを私の指導教授、フランス人の知人や留学生宿舎の友人にも紹介しておきました。どうやら、フランス人も馴染みのないレストランには入り難いようでしたが、その後、馴染みの店になったようです。

トルコのアカニシ：

配合飼料の開発プロジェクトでトルコ滞在中に黒海にアカニシ（写真13-1）が蔓延っているのを目にしました。黒海の塩分は海水の半分程度ですが、このアカニシは日本の船底かバラスト水に混ざって運ばれたもので、知人のエーゲ大学水産学部教授からの情報によりますと、遺伝子解析から日本原産であることが証明されています。トルコではアカニシを食べる習慣がないため、アジアに輸出されています。大きいものが好きな中国には大型のアカニシ、中型は韓国、小型は日本向けに輸出されていました。日本の寿司屋でお目にかかるアカニシは黒海産の可能性大です。

写真13-1　トルコ黒海のアカニシ

このトルコのアカニシの写真をFacebookに掲載したところ、見ず知らずのウクライナの水産物取引業の男性から、黒海のウクライナ側でも大量に漁獲されるので日本への輸出先を知らないか、との連絡が入りました。黒海沿岸のベルジャーンシンク在住でロシアのウクライナ侵攻寸前の2022年のことでした。今ではまさにロシアとの紛争地で、2022年の8月までは通常の生活の様子が報告されていましたが、2022年9月を最後に連絡は絶えました。「一日も早い平和を祈る」との送信に返事はなく、今もFacebookに投稿はありません。平和な世界に戻り、アカニシがウクライナの産業になれば、これも細やかな国際貢献となるでしょう。

テンプラ：

留学中、フランス政府主催の留学生の年末の合宿がピレネー山脈近くの町Agenで行われました。ホームビジットで世話になった家族を招待して自国の料理を提供する行事があり、日本人2人で100人分の日本食を作ることになりました。相談の結果、テンプラに決めましたが、私のテンプラとの関りは栄養専門学校でテンプラの原理を講じ、もう一人の日本人留学生は料理屋のカウンター越しに調理を見た程度で2人とも調理経験はゼロ。材料は白身のマダイ様の魚、卵、小麦粉、大根、テンプラ油として調理場にあった動物性油を使いました。天つゆはブイヨン様の液体で代用。この国辱的な日本料理？がTempoula（テンポウラ）として紹介されました。予想に反して、これが大成功で、あちこちからレシピを教えて、との声には驚きました。その数カ月後のブルターニュでの復活祭休暇の留学生の会合でも主催者からテンプラの要望があり、その時は私一人で100人分を調理せざるを得ませんでした。調理が終わる頃には使用した油が酸化重合してドロドロ状態でした。その留学生の集会では、テンプラは「前菜」として位置付けられ、レシピ紹介も依頼されました。今ではテンプラは代表的な日本食となっていますが、1970年代にフランスで紹介したテンプラが果した役割は如何なものか。帰国後この話を栄養専門学校の教師に披露したところ、素人が植物油でテンプラを揚げると油っぽくて食べられなかったでしょうとのこと。常温で固体の動物性油を使用したのが正解であったとか。

海外からの疑問：

協同研究で滞在中のフィリピン大学で新聞部の学生から「何故、日本は短期間に先進国になれたか知りたい」とのインタビューを受けました。これは発展途上国や留学生からよくある質問です。幕末の日本の科学技術は遅れていましたが、日本の識字率の高さ、人文・社会分野では基本的な知識があったため、欧米から学んだ技術を素早く理解でき、普く拡散できたことを説明しました。しかし、彼らの質問の根底に、幕末の日本の状況は16世紀の「侍が始終チャンバラをしていた戦国時代」との誤解がありました。この誤解の原因は日本史に無知な日本人が、史実と創作を混同し、海外で勇ましい侍の話ばかりを広めたのが原因でしょう。余談ですが、創作を信じ切っている「侍オタク」のフランス人に正しい歴史を伝えたところ、「お前は日本人のくせに何も知らん」と激怒しました。日本史が高校で必須科目になったことは、将来、国際社会で活躍する若者にとって有益であろうと思います。

水産部門で発展途上国との国際協力や研修生、留学生を受け入れて経験された方もあろうかと思いますが、「自分が得た情報は同国人でさえ教え合わない」「自分が得た情報を人に教えると自分の価値が下がる」が徹底していました。研究室では大学院学生が卒論生に分析技術を指導することにしていましたが、留学生にはその習慣が身についてないため、そのシステムは機能しませんでした。日本で急激に科学技術が発展した理由の一つでしょう。このような現象は海外だけではなく、日本にもありました。かなり以前のことですが、ある講演会の質問時間には全員無言でしたが、その夜、演者の宿所に参加者が現れて鉢合わせをしました。「いいことは自分だけに言ってもらわないと、皆が知ると意味がない」が理由でした。同業者同士が協力し合って地域全体の品質向上を図って成功した地域がありますが、これとは逆行する考えでしょう。私が水産学会中四国支部長として、中四国の各県を順に各地の名産物の質的向上に関わるセミナーを開催しました。参加者が100人近くあった県と、10名に満たなかった県がありました。聴衆の数は地場産業の発展度合いを見事に反映していました。恐らく参加者の少なかった理由は、「いいことは自分だけに」があったのでしょうか。悲しいかな、この考えが国や地域振興を遅らせている最大の原因の一つではないでしょうか。

参考図書

「アユの話」宮地伝三郎著、岩波書店、1960年

「水産動物のカロテノイド」“カロテノプロテイン”中川平介（日本水産学会編）恒星社厚生閣、1970年

「21世紀の海藻資源」“飼料に利用される海藻”中川平介（大野正夫編著）緑書房，1996年

「美味しい養殖魚の品質評価」中川平介、養殖、2002年

「養殖魚の健全性に及ぼす微量栄養素」“藻類”丸山・中川（中川平介・佐藤 実編著）恒星社厚生閣，2003年

「エビ・カニはなぜ赤い：機能性色素カロテノイド」松野隆男著、成山堂書店、2004年

“養魚飼料原料としての廃棄藻類の有効利用”「水産物の有効利用法開発」（坂口守彦・平田 孝監修）エヌ・ティー・エス㈱，2005年

“Dietary supplements for the health and quality of cultured fish”、編著 H. Nakagawa, M. Sato and D. Gatlin Ⅲ, CABI Publisher, UK, 2007.

「クロダイの生物学とチヌの釣魚学」海野徹也著、成山堂書店、2010年

「どんな魚がうまいか」坂口守彦著、成山堂書店、2012年

あとがき

先輩のプランクトン専攻の広島大学遠部卓名誉教授との情報交換で、過去の研究の裏話などを披露していましたが、或る時、「面白い話ですね。随筆にして皆さんに読んでもらってはどうですか」との話がありました。それでは、と思い立ちこれまでの研究や私が関わってきた海藻や養殖魚に纏わるエピソードを綴ってみました。

本書のタイトルは藻類を魚に与えて美味くする話でした。自然界では魚は健全でなければ生き残れないので、養殖魚が天然魚に近い状態になれば、食味も天然魚並みになるのではないかと思っています。

養殖魚の健全性向上に関する研究に協力いただきました、岡山県栽培漁業センター（現岡山県農林水産総合センター水産研究所）、近畿大学水産研究所浦神実験場、同新宮実験場、熊本県水産研究センター、広島県水産研究センター、広島市水産振興センター、和歌山県内水面漁業センター（現和歌山県内水面試験地）にお礼申し上げます。さらに、本研究にご協力いただいた企業の方々に感謝申し上げます。

本研究に没頭できたのも故広島大学笠原正五郎名誉教授のご指導によるものです。CABI社からの出版を報告した際に喜んでいただいた先生の満面の笑顔を忘れることはないでしょう。かつて水産増殖学研究室のメンバーであった、故鈴木亮元教授、黒倉寿助教授（現東京大学名誉教授）、荒井克俊助教授（現北海道大学名誉教授）また同研究室のメンバー広島大学海野徹也教授との和気あいあいの日々が思い浮かびます。論文の共著者であった学生諸君と懸命に研究に取り組んだ当時を懐かしく思い出します。

著者プロフィール

中川　平介

なかがわ へいすけ

1942年　島根県浜田市生まれ

1960年　島根県立浜田水産高校水産製造科卒業

1964年　広島大学水畜産学部水産学科卒業

1969年　東北大学大学院農学研究科博士課程修了（農学博士）

1969年～1975年　広島大学水畜産学部助手

1974年～1975年　フランス政府給付生としてマルセイユStation Marine d'Endoume（アンドゥーム海洋研究所）留学

1976年～2006年　広島大学生物生産学部助教授、教授

2006年　広島大学定年退職、広島大学名誉教授

受　賞　日本水産増殖学会賞、環境省環境保全功労者表彰（地域環境保全功労者）、広島県環境賞

編　書　中川平介・佐藤実編：養殖魚の健全性に及ぼす微量栄養素、恒星社厚生閣（2003年）

H. Nakagawa, M. Sato and D. Gatlin III 編：Dietary supplements for the health and quality of cultured fish. CAB International, Oxon, UK（2007）.

中川平介・佐藤実・D. Gatlin 編（中国語翻訳版）：健康和高品質養殖魚用飼料添加物．中国農業出版社．北京（2015）.

海藻で魚をおいしくする話

2024年2月22日　第1刷発行

著　者――――中川平介
発　行――――日本橋出版
〒103-0023　東京都中央区日本橋本町2-3-15
https://nihonbashi-pub.co.jp/
電話／03-6273-2638
発　売――――星雲社（共同出版社・流通責任出版社）
〒112-0005　東京都文京区水道1-3-30
電話／03-3868-3275

ISBN 978-4-434-33378-1